한국왁싱협회 공식 지정교재

아름다움의 완성,

왁싱 매니지먼트

WAXING MANAGEMENT
왁싱 매니지먼트

저자

박규미
한국왁싱협회 회장

- 인제대학교 보건학 박사
- 동아대학교 패션디자인학과 박사 과정 수료(미용문화사 전공)
- 미국 뉴욕 주정부 에스테티션 자격증 취득
- 미국 뉴욕 주정부 왁싱 자격증 취득
- 미국 뉴욕 주정부 네일스페셜리스트 자격증 취득
- 영국 아이텍 왁싱 자격증 취득
- 영국 아이텍 스파트리트먼트 자격증 취득
- 국제 아로마 자격증 취득
- 미용사(피부) 국가 자격증 취득
- 한국 미용사 면허증 취득

이 책에 대한 내용 문의는 한국왁싱협회(www.koreawaxing.com) 게시판에 문의하시기 바랍니다.

WAXING MANAGEMENT
왁싱 매니지먼트

머리말

건강하고 아름답고자 하는 것은 남녀노소를 불문하고 누구나 원하는 바람일 것이다. 이런 사람들의 바람을 충족시켜 줄 수 있도록 하는 것이 바로 미용 산업이며, 이러한 미용 산업을 이끌어 가는 주역들이 이 책을 대하고 있는 여러분들일 것이다.

생활 수준의 향상으로 미에 대한 기대치와 관심은 점점 더 커지고 다양화되고 있으며 미용 산업은 하루가 다르게 변화하고 발전해 가고 있다.

우리나라 미용 산업은 헤어, 메이크업, 피부, 네일, 스파 등 다양한 분야로 세분화되면서 발전되어 왔고, 규모 면이나 학술적인 면에서도 세계적 수준으로 발전하였다.

때문에 본인을 비롯한 많은 미용인들은 이러한 우리의 우수한 미용 산업을 세계 각국에 전수해 주며 위상을 널리 알리고 있는 현실을 자랑스럽게 생각하고 있다.

그러나 왁싱 미용 분야는 많은 부가가치를 창출할 수 있는 분야임에도 불구하고 우리나라 미용 산업에서 주목을 받지 못했던 것이 사실이다. 다른 나라의 경우를 보면 미국의 경우, 왁싱 미용 산업은 네일 미용 산업의 2배가 넘는 시장 규모로 발전하고 있으며, 일본의 경우도 왁싱 전문 살롱, 왁싱 전문바 등의 왁싱 미용 산업이 성행하고 있다. 그러므로 우리나라 역시 앞으로 왁싱 미용 산업에 대한 수요가 커질 것이라 생각된다.

현대화될수록 미용에 관심이 점점 커지고 있다. 미용을 통하여 더욱 건강하고 아름답게 하며, 심리적인 만족감까지도 얻고자 하는 현대인들의 기대치를 충족시키는 데 앞으로 왁싱 미용 산업이 큰 역할을 감당해 내리라 기대된다.

이 책은 크게 네 Part로 나누어져 있으며 〈Part 1 피부 및 모발〉에서는 미생물학, 피부, 모발, 내분비기관에 관한 내용을 다루었고, 〈Part 2 제모〉에서는 제모의 역사, 제모의 다양한 방법, 〈Part 3 왁싱 실무〉에서는 왁싱 전문관리사로서의 자세, 왁싱 관리실의 위생과 소독, 왁싱 전 준비, 왁싱의 도구 및 기구 사용법, 부위별 왁싱 방법, 〈Part 4 왁싱 비즈니스〉에서는 고객 상담, 왁싱 살롱 비즈니스에 관한 내용을 다루었다. 아울러 교육과정을 마치고 왁싱 자격 검정을 볼 수 있게 종합예상 문제 5회분과 한국왁싱협회 가이드를 실었다. 그래서 책 한권으로 왁싱에 관한 이론과 기술을 습득하는 정규 수업을 이수함은 물론 자격증 취득 시험에도 대비할 수 있게 하였다.

이 교재를 통하여 미용 관련 학교와 왁싱 미용 분야의 발전에 도움이 되길 바라며, 아울러 한국왁싱협회가 왁싱 미용 분야와 미용 관련 종사지들에게 도움이 되는 협회가 되길 바란다.

이 교재가 출판되기까지 도움을 주신 크라운 출판사 회장님을 비롯한 직원분들께 감사를 드리며, 부족한 부분은 향후 개정판을 통하여 보완·수정할 것을 약속드린다.

저자 박규미

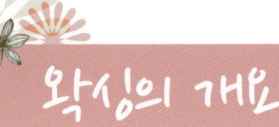

왁싱의 개요

왁싱이란

신체에 있어서 불필요한 부분의 모발을 제거하는 방법이다. 크게 두 가지로 나누며, 왁스를 녹여 천을 붙여 제거하는 스트립 왁싱과 스트립을 사용하지 않고 왁스제를 떠서 시술부위에 8자 모양으로 동전 두께 정도로 도포해서 제거하는 하드 왁싱이 있다.

왁싱은 다양한 기술방법과 제품을 사용하여 고객에게 맞는 최상의 서비스를 제공해 줄 수 있다. 헤어에 이니셜을 만드는 것, 이마라인, 눈썹, 목라인, 인중, 얼굴 전체, 귓불, 목, 팔, 어깨, 등, 겨드랑이, 가슴, 다리, 비키니라인 등 우리 몸에 나 있는 불필요하다고 생각되는 모발을 제거할 수 있다.

왁싱 시술을 적용해서 부가적인 수입을 창출할 수 있는 미용분야

왁싱 서비스는 전문 관리실이나 피부 관리실에서 뿐만 아니라 네일, 메이크업, 헤어 살롱 등에서도 얼마든지 부가적인 수입을 창출할 수 있다.

네일 관리실 : 매니큐어와 패디큐어 시술 시 고객의 손과 발에 왁싱 시술을 해 줌으로써 고객의 만족도를 높일 수 있으며, 윗입술의 왁싱이나 눈썹 왁싱, 겨드랑이 왁싱도 네일 살롱의 공간을 활용한다면 얼마든지 가능하다.

메이크업 관리실 : 메이크업 시 얼굴에 불필요한 털을 제거함으로써 메이크업의 완성도를 높일 수 있으며, 눈썹, 인중, 헤어라인, 이마, 얼굴 왁싱으로 고객이 원하는 이미지를 창출하는 데 도움을 줄 수 있다.

헤어 관리실 : 업 스타일과 커트 시술 시 고객의 목 뒤의 불필요한 잔털을 제거함으로써 고객의 만족도를 높일 수 있으며, 특별히 머리에 이니셜을 넣어 주는 시술도 가능하다.

왁싱의 효과

1. 모발의 제거와 동시에 각질이 제거되어 피부가 매끄러워진다.
2. 모근의 제거로 인하여 다음 모의 성장이 느려지며 모가 가늘어지고 수가 감소한다.
3. 넓은 부위의 모를 빠른 시간 안에 제거할 수 있다.
4. 전기 요법으로 제거가 불가능한 솜털까지 깨끗하게 제거한다.

제모의 다양한 방법

제모의 방식은 일시적인 것과 영구적인 것으로 크게 두 가지가 있다. 일시적 제모 방법에는 면도와 화학적 제모, 트위징, 왁스제모기, 당장법 등이 있다. 영구적 제모 방법에는 전기분해방법과 레이저 모발 제거법 등이 있다.

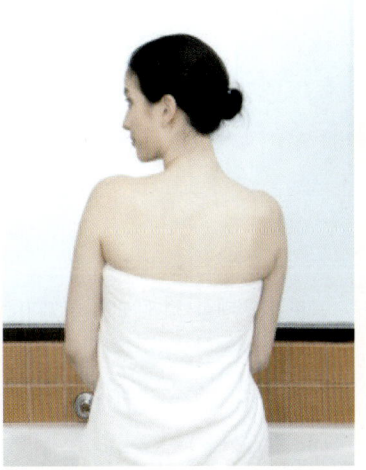

01 면도

면도를 할 때 나타나는 일반적인 문제들은 털이 난 방향과 면도의 방향이 엇갈려 나타나는 수염 모낭염이다. 종종 면도한 털 조각이 다시 모낭 안에 떨어질 때 피부발진이 생길 수도 있다.

1. 1일에서 4일이 지나면 털이 다시 더 거칠고 뾰족뾰족하게 자란다.
2. 미세한 솜털이 제거될 수도 있어 더 큰 문제를 일으킬 가능성이 있다.
3. 털이 살로 파고들 수도 있다.
4. 면도 시 면도날이 무디면 피부를 베일 수도 있다.

02 털뽑기(트위징)

1. 시술 부위에 통증이 있다.
2. 시술자의 시력이 나쁘면 제모 부위를 제대로 보기도 어렵고 뽑지 말아야 할 털을 뽑을 수도 있다.
3. 피부 아래 부분의 털이 파괴될 수도 있고, 털의 뭉툭한 가장자리가 작은 모낭을 뚫고 들어가 부어오를 수도 있다.

03 실면도

실면도는 "Banding"이라고도 하는데, 전문가가 손가락으로 면사를 가지고 고리를 만들고 꼬아서 제모하는 방법이다.
1. 신체의 넓은 부위에 하기에는 비효과적이다.
2. 털이 다시 자랄 때, 착색 문제를 일으킬 수 있는 모낭염, 농포, 감염이 증가할 수도 있다.

04 제모 크림

제모 크림 사용 시 알레르기 반응이나 민감성 반응이 일어나지 않는지 패치로 실험을 한 후에 사용해야 한다. 제모 크림을 적용 전에 고객의 팔 안쪽에 조금 사용해 보아서 10분 안에 어떠한 반응(부종, 가려움, 발적 등)도 나타나지 않는다면 제모 크림을 사용해도 된다. 제모 크림은 매우 민감한 부위인 입술 주변 등에는 사용하지 않는 것이 좋다.
1. 제모 크림을 씻어낼 때 피부의 자연 보호막이 손상되어 접촉 피부염 같은 피부 반응이 일어날 수 있다.
2. 발진이 있거나, 손상되었거나, 농포나 감염의 징후가 있는 피부에는 사용해서는 안 된다.

05 영구 제모

영구적이라 불리지만 모구가 완전히 제거되지 않으면 모발이 다시 자랄 수 있다. 또한 장기적(최소한 1년)이지만 털의 진피유두를 파괴하거나 부상이 동반될 수도 있다. 개개인에 따라 모낭의 밀도 변화가 다르기 때문에 첫 번째 시술이 완벽히 이루어졌다 하더라도 재시술이 필요할 수 있다. 또한, 성장기의 털만 제거가 가능하다.

❋ 비키니 왁싱의 다양한 종류

01 비키니 라인

음모를 최대한 적게 되도록 제거하는 형태의 제모 방법이다. 비키니에 가려지는 털은 제거하지 않고 그대로 놔둔다. 다리 라인이 높게 파인 수영복을 입어도 흉하지 않게 수영복 양쪽으로 삐져나온 털만 제거한다.

02 삼각형 스타일

성기 바로 위로 역 이등변 삼각형 모양의 음모만 남긴 채 나머지는 제거한다.

03 퓨빅 아트 스타일

색다른 디자인으로 왁싱을 하기도 하는데 하트, 기업로고, 황소의 눈, 과녁, 혹은 이니셜 모양 등을 따라 손질한다.

04 브라질 스타일 또는 프렌치 스타일

브라질 또는 프렌치 스타일의 비키니 왁싱은 약간의 줄을 남겨 두고 앞뒤로 모든 털을 제모하는 왁싱 방법이다. 좁은 모양으로 디자인된 옷을 입어야 하는 패션모델들 사이에서 인기 있는 스타일이다.

왁싱 제품별 효과 및 주요성분

순번	제품명	적용피부	효과	주요성분	비고
1	스킨 리무버 (Skin remover)	모든피부 (노화피부)	제모 전 피부각질을 제거해줌으로써 왁싱 효과 극대화	녹차추출물, 매실추출물, 율피추출물, 병풀추출물, 소듐하이알루네이트, 효소	-
2	디스인팩트 스킨 (Disinfect skin)	모든피부	피부에 잔재하는 오일감 제거와 피부소독 및 클렌징	아크네프리, 선인장추출물, 알란토인, 6-아미노카프로익애씨드, 디포타슘글리시리제이트	-
3	디스인팩트 오일 (Disinfect oil)	모든피부	제모 직후 잔여 왁스 제거 및 제모 후 발생할 수 있는 피부상처 소독	녹차오일, 라벤더오일, 살구씨오일, 스쿠알란, 티트리오일, 레몬오일, 자근오일, 토타롤	-
4	스킨 밸런스 (Skin blance)	모든피부	제모 후 열린 모공을 수축시키고 피부 유수분 밸런스 유지	토타롤, 감잎추출물, 매실추출물, 율피추출물, 아크네프리, 선인장추출물, 알란토인	-
5	수드 젤 (Soothe gel)	모든피부	제모 후 피부에 진정 효과	로즈마리, 아크네프리, 당근추출물, 살구추출물, 녹차추출물	-
6	프리왁싱 오일 (Pre-waxing oil)	모든피부	제모 전(하드 왁스) 피부 긴장감 해소 및 발생할 수 있는 상처를 미연에 예방	포도씨오일, 올리브오일, 토타롤, 녹차오일, 석류오일	-

왁싱 자격증 시험안내

01 개요

한국왁싱협회는 미용 관련 분야 및 관련 종사자들에게 양질의 정보와 교육을 효율적으로 제공하는 것을 목표로 창립하였다. 머리, 피부미용, 화장 등 분야별로 세분화 및 전문화되고 있는 미용의 세계적인 추세에 맞추어 왁싱미용산업을 자격 제도화함으로써 왁싱 미용 분야 전문 인력을 양성할 수 있도록 하였다.

▶ 실시 기관 및 홈페이지
한국왁싱협회(http://www.koreawaxing.com)

02 시험기준

1) 왁싱(Waxing) 전문관리사 1급
   왁싱에 대한 숙련된 실습 능력을 바탕으로 하드 왁싱 기술의 복합적인 기능 및 업무를 수행할 수 있는 능력의 유·무 평가
2) 왁싱(Waxing) 전문관리사 2급
   왁싱에 대한 전반적인 이론지식 및 실습 능력을 바탕으로 스트립 왁싱 기술의 업무를 수행할 수 있는 능력의 유·무 평가
3) 왁싱(Waxing) 전문관리사 3급
   왁싱에 대한 기본적인 이론지식 및 기초 실습 능력을 바탕으로 스트립 왁싱 기술의 업무를 수행할 수 있는 능력의 유·무 평가

03 응시자격 기준

1) 왁싱(Waxing) 전문관리사 1급
   왁싱 자격 2급 이상 취득자 또는 왁싱 실무 경력 2년 이상의 경력을 증명할 수 있는 자
2) 왁싱(Waxing) 전문관리사 2급
   왁싱 전문교육기관 또는 인증학원에서 소정의 교육시간을 이수하여 그 경력을 증명할 수 있는 자
3) 왁싱(Waxing) 전문관리사 3급
   왁싱 전문교육기관에서 소정의 교육시간을 이수한 자

04 급수별 시험 과목

급수	시험 과목	세부사항
1급	실기시험(하드 왁싱)	1교시 : 눈썹(오른쪽과 왼쪽) 2교시 : 인중(오른쪽과 왼쪽) 3교시 : 겨드랑이(오른쪽과 왼쪽)
2급	필기시험	1. 공중위생과 살균 2. 피부와 피부질환 3. 모발 4. 제모의 역사 5. 모발제거의 방법 6. 고객 상담 7. 왁싱 8. 부위별 왁싱 방법 9. 왁싱의 실제와 응용 10. 왁싱 살롱 비즈니스
2급	실기시험(스트립 왁싱)	1교시 : 팔(오른쪽 하완부) 2교시 : 눈썹(오른쪽과 왼쪽) 3교시 : 인중(오른쪽과 왼쪽)
3급	실기시험(스트립 왁싱)	1교시 : 손등(오른쪽 또는 왼쪽) 2교시 : 하완부(오른쪽 또는 왼쪽) 3교시 : 상완부(오른쪽 또는 왼쪽)

05 2급 필기 기준 및 시험방법

종목	검정기준	평가형식	문제수	시험시간	합격기준
왁싱 (Waxing)	1. 공중위생과 살균 2. 피부와 피부질환 3. 모발 4. 제모의 역사 5. 모발제거의 방법 6. 고객 상담 7. 왁싱 8. 부위별 왁싱 방법 9. 왁싱의 실제와 응용 10. 왁싱 살롱 비즈니스	객관식	40	50분	100점 만점 60점 이상

왁싱 자격증 시험안내

06 급수별 실기 시간 및 배점

하드 왁싱	1급	실기시험	1교시 : 눈썹 왁싱(오른쪽과 왼쪽) 2교시 : 인중 왁싱(오른쪽과 왼쪽) 3교시 : 겨드랑이 왁싱(오른쪽과 왼쪽)	1교시 : 100점 2교시 : 100점 3교시 : 100점
스트립 왁싱	2급		1교시 : 팔(오른쪽 하완부) 2교시 : 눈썹(오른쪽과 왼쪽) 3교시 : 인중(오른쪽과 왼쪽)	
	3급		1교시 : 손등(오른쪽 또는 왼쪽) 2교시 : 하완부(오른쪽 또는 왼쪽) 3교시 : 상완부(오른쪽 또는 왼쪽)	

300점 만점 / 210점 이상 합격

07 실기 기준 및 세부사항

▶ 왁싱 전문관리사 1급

	기준	세부사항
1	사전 심사 및 위생 상태	마스크, 복장, 제품 세팅 상태, 1회용 장갑
2	피부 정돈	전문제품으로 피부 정돈
3	소독 및 유·수분 제거	전문제품으로 유·수분 제거 및 소독
4	왁스탈착 용이제 바르기	소량 사용
5	온도테스트	손목 안쪽
6	왁스 바르기	시술 부위에 1회용 스파츌라를 사용하여 털이 난 반대 방향으로 한번 바른 후 다시 털이 난 방향으로 바른다.
7	왁스 제거하기 / 피부 진정시키기	털의 성장 반대 방향으로 떼어 낸다. 제모한 피부를 가볍게 눌러 진정시킨다.
8	잔여 왁스제거	피부에 남아 있는 왁스를 제거한다.
9	트위저 사용하기	소독된 트위저로 털이 난 방향으로 제거한다.
10	피부 진정시키기	전문제품을 사용해 발진되어 있는 피부를 진정시킨다.
11	모공수축 및 유·수분 공급하기	전문제품을 사용해 모공수축 및 유·수분을 공급한다.
12	마무리	잔여 왁스 제거 여부 / 시술 후 상태

왁싱 매니지먼트

▶ 왁싱 전문관리사 2급

	기준	세부사항
1	사전 심사 및 위생 상태	마스크, 복장, 제품 세팅 상태, 1회용 장갑
2	피부 정돈	전문제품으로 피부 정돈
4	소독 및 유·수분 제거	전문제품으로 유·수분 제거 및 소독
5	온도 테스트	손목 안쪽
6	왁스 바르기	털이 난 방향 / 1회용 스파츌라 사용
7	스트립 접착	팔(오른쪽 하완부) : 사이즈(스트립 길이 20cm, 너비 7.5cm) 눈썹(오른쪽과 왼쪽) : 사이즈(스트립 길이 10cm, 너비 2.5cm) 인중(오른쪽과 왼쪽) : 사이즈(스트립 길이 10cm, 너비 2.5cm)
8	스트립 떼어내기 / 피부 진정 시키기	털의 성장 반대 방향으로 떼어 낸다. 제모한 피부를 가볍게 눌러 진정시킨다.
9	잔여 왁스제거	전문 제품으로 피부에 남아 있는 왁스를 제거한다.
9	트위저 사용하기	소독된 트위저로 털이 난 방향으로 제거한다.
10	피부 진정시키기	전문제품을 사용해 발진되어 있는 피부를 진정시킨다.
11	모공수축 및 유·수분 공급하기	전문제품을 사용해 모공수축 및 유·수분을 공급한다.
12	마무리	잔여 왁스 제거 여부 / 시술 후 상태

▶ 왁싱 전문관리사 3급

	기준	세부사항
1	사전 심사 및 위생 상태	마스크, 복장, 제품 세팅 상태, 1회용 장갑
2	피부 정돈	전문제품으로 피부 정돈
4	소독 및 유·수분 제거	전문제품으로 유·수분 제거 및 소독
5	온도 테스트	손목 안쪽
6	왁스 바르기	털이 난 방향 / 1회용 스파츌라 사용

왁싱 자격증 시험안내

7	스트립 접착	손등(오른쪽 또는 왼쪽) : 사이즈(스트립 길이 10cm, 너비 7.5cm) 하완부(오른쪽 또는 왼쪽) : 사이즈(스트립 길이 20cm, 너비 7.5cm) 상완부(오른쪽 또는 왼쪽) : 사이즈(스트립 길이 20cm, 너비 7.5cm)
8	스트립 떼어내기 / 피부 진정시키기	털의 성장 반대방향으로 떼어 낸다. 제모한 피부를 가볍게 눌러 진정시킨다.
9	잔여 왁스제거	전문 제품으로 피부에 남아 있는 왁스를 제거한다.
9	트위저 사용하기	소독된 트위저로 털이 난 방향으로 제거한다.
10	피부 진정시키기	전문제품을 사용해 발진되어 있는 피부를 진정시킨다.
11	모공수축 및 유·수분 공급하기	전문제품을 사용해 모공수축 및 유·수분을 공급한다.
12	마무리	잔여 왁스 제거 여부 / 시술 후 상태

08 실기 준비물

▶ 왁싱 전문관리사 1급 - 수험자 지참 도구 및 재료

일련번호	지참 도구 및 재료명	규격	단위	수량	비고
1	위생복	상의 반팔 가운, 하의 긴 바지	벌	1	모든 복식은 흰색 통일
2	실내화	흰색	켤레	1	실내화만 허용
3	마스크	흰색	개	1	-
4	대형타올	100×180cm, 흰색	장	2	베드용, 모델용
5	중형타올	65×130cm, 흰색	장	1	-
6	소형타올	35×80cm, 흰색	장	3 이상	습포, 건포용
7	헤어터번(터번)	벨크로(찍찍이형)	벌	1	분홍색 or 흰색
8	여성모델용 가운 및 겉가운	밴드(고무줄 벨크로)형 일반형(겉가운)	벌	1	분홍색 or 흰색

9	남성모델용 옷	박스형 반바지 & T-셔츠	벌	1	하의 – 베이지 or 남색, 상의 – 흰색
10	모델용 슬리퍼	–	켤레	1	–
11	하드 왁스	–	개	1	–
12	왁스용 카라	–	개	1	–
13	워머기	–	개	1	–
14	피부 정돈 제품	–	개	1	–
15	유·수분제거 및 소독 제품	–	개	1	–
16	왁스탈착 용이 제품	–	개	1	–
17	왁스 제거 제품	–	개	1	–
18	피부 진정 제품	–	개	1	–
19	모공 수축 및 유·수분제거 제품	–	개	1	–
20	면봉	–	봉	1	필요량
21	비닐봉지, 비닐팩(지퍼백 등)	소형	장	각 1	쓰레기 처리용, 습포 보관용(두터운 비닐팩)
22	투명테이프	–	통	1	쓰레기 처리용 비닐팩 웨건 부착용
23	면봉	–	봉	1	필요량
24	미용 솜	–	통	1	필요량
25	티슈	–	통	1	필요량
26	페이퍼 타올	–	개	1	필요량
27	장갑	라텍스	켤레	1	왁싱용

왁싱 자격증 시험안내

28	나무 스파츌라	규격품(나무) 폭 : 1.5~2.0cm 규격품(나무) 폭 : 1~1.2cm (중간사이즈) 규격품(나무) 왁싱용 오렌지우드스틱	개	다수	왁싱용
29	젖은 해면, 젖은 솜, 물 티슈 중 택일	-	개	다수	필요량
30	사각바트	뚜껑달린 통	개	2	스트립 보관용, 스파츌라 보관용
31	원형바트	뚜껑달린 통	개	1	미용 솜 등 보관용
32	유리컵	작은 것	개	1	트위저 소독용
33	바구니	-	개	2	정리용 사각
34	모델	-	명	1	-

▶ 왁싱 전문관리사 2급 - 수험자 지참 도구 및 재료

일련번호	지참 도구 및 재료명	규격	단위	수량	비고
1	위생복	상의 반팔 가운, 하의 긴 바지	벌	1	모든 복식은 흰색 통일
2	실내화	흰색	켤레	1	실내화만 허용
3	마스크	흰색	개	1	-
4	대형타올	100×180cm, 흰색	장	2	베드용, 모델용
5	중형타올	65×130cm, 흰색	장	1	-
6	소형타올	35×80cm, 흰색	장	3 이상	습포, 건포용

7	헤어터번(터번)	벨크로(찍찍이형)	벌	1	분홍색 or 흰색
8	여성모델용 가운 및 겉가운	밴드(고무줄 벨크로)형 일반형(겉가운)	벌	1	분홍색 or 흰색
9	남성모델용 옷	박스형 반바지 & T-셔츠	벌	1	하의 - 베이지 or 남색, 상의 - 흰색
10	모델용 슬리퍼	-	켤레	1	-
11	소프트 왁스	-	개	1	-
12	왁스용 카라	-	개	1	-
13	워머기	-	개	1	-
14	피부 정돈 제품	-	개	1	-
15	유·수분제거 및 소독 제품	-	개	1	-
16	왁스 제거 제품	-	개	1	-
17	피부 진정 제품	-	개	1	-
18	모공 수축 및 유·수분제거 제품	-	개	1	-
19	면봉	-	봉	1	필요량
20	비닐봉지, 비닐팩(지퍼백 등)	소형	장	각 1	쓰레기 처리용, 습포 보관용 (두터운 비닐팩)
21	투명테이프	-	통	1	쓰레기 처리용 비닐팩 웨건 부착용
22	면봉	-	봉	1	필요량
23	미용 솜	-	통	1	필요량
24	티슈	-	통	1	필요량

왁싱 자격증 시험안내

25	페이퍼 타올	-	개	1	필요량
26	장갑	라텍스	켤레	1	왁싱용
27	나무 스파츌라	규격품(나무) 폭 : 1.5~2.0cm 규격품(나무) 폭 : 1~1.2cm(중간사이즈) 규격품(나무) 왁싱용 오렌지우드스틱	개	다수	왁싱용
28	젖은 해면, 젖은 솜, 물 티슈 중 택일	-	개	다수	필요량
29	스트립	7.5×10cm 7.5×20cm	장	다수	왁싱용
30	사각 바트	뚜껑달린 통	개	2	스트립 보관용, 스파츌라 보관용
31	원형 바트	뚜껑달린 통	개	1	미용 솜 등 보관용
32	유리컵	작은 것	개	1	트위저 소독용
33	바구니	-	개	2	정리용 사각
34	모델	-	명	1	-

▶ 왁싱 전문관리사 3급 - 수험자 지참 도구 및 재료

일련번호	지참 도구 및 재료명	규격	단위	수량	비고
1	위생복	상의 반팔 가운, 하의 긴 바지	벌	1	모든 복식은 흰색 통일
2	실내화	흰색	켤레	1	실내화만 허용
3	마스크	흰색	개	1	-

4	대형타올	100×180cm, 흰색	장	2	베드용, 모델용
5	중형타올	65×130cm, 흰색	장	1	-
6	소형타올	35×80cm, 흰색	장	3 이상	습포, 건포용
7	헤어터번(터번)	벨크로(찍찍이형)	벌	1	분홍색 or 흰색
8	여성모델용 가운 및 겉가운	밴드(고무줄 벨크로)형 일반형(겉가운)	벌	1	분홍색 or 흰색
9	남성모델용 옷	박스형 반바지 & T-셔츠	벌	1	하의 - 베이지 or 남색, 상의 - 흰색
10	모델용 슬리퍼	-	켤레	1	-
11	소프트 왁스	-	개	1	-
12	왁스용 카라	-	개	1	-
13	워머기	-	개	1	-
14	피부 정돈 제품	-	개	1	-
15	유·수분제거 및 소독 제품	-	개	1	-
16	왁스 제거 제품	-	개	1	-
17	피부 진정 제품	-	개	1	-
18	모공 수축 및 유·수분제거 제품	-	개	1	-
19	비닐봉지, 비닐팩(지퍼백 등)	소형	장	각 1	쓰레기 처리용, 습포 보관용 (두터운 비닐팩)
20	투명테이프	-	통	1	쓰레기 처리용 비닐팩 웨건 부착용
21	미용 솜	-	통	1	필요량

왁싱 자격증 시험안내

22	티슈	–	통	1	필요량
23	페이퍼 타올	–	통	1	필요량
24	장갑	라텍스	켤레	1	왁싱용
25	나무 스파츌라	규격품(나무) 폭 : 1.5~2.0㎝	개	다수	왁싱용
26	젖은 해면, 젖은 솜, 물 티슈 중 택일	–	개	다수	필요량
27	스트립	7.5×10cm 7.5×20cm	장	다수	왁싱용
28	사각 바트	뚜껑달린 통	개	2	스트립 보관용, 스파츌라 보관용
29	원형 바트	뚜껑달린 통	개	1	미용 솜 등 보관용
30	유리컵	작은 것	개	1	트위저 소독용
31	바구니	–	개	2	정리용 사각
32	모델	–	명	1	–

09 시험 시 유의 사항

1) 시술자 가운은 흰색만 착용할 수 있으며, 부분적으로 특이한 디자인과 소속기관, 성명이나 문양이 있는 복장, 기구 등을 지참하면 시험장에 입장할 수 없다.
2) 시험장 내에는 모든 액세서리(귀걸이·목걸이·반지 등)의 착용을 금지하고 고가품은 시험장 내에 지참하지 않도록 한다.
3) 지참물 중 소모되는 재료나 도구는 파손, 분실 등을 감안하여 여유분을 지참할 수 있다.
4) 팔과 다리, 겨드랑이의 경우 모델의 상태에 따라 왼쪽의 경우도 허용한다. 단 시험 전 손을 들어 감독관에게 알린다.
5) 시험 중에 주의해야 할 사항으로는 개시 10분 전에 감독관의 설명을 주의해서 듣는다.
6) 위 사항을 준수하여 시험장에 임하고 만약 이러한 여러 가지 사항이 지켜지지 않을 경우 시험장 입실 및 수검에 제한을 받는 등의 불이익이 발생할 수 있으므로 적극 협조한다.

⑩ 시험 진행 방법

1) 입실 : 시험장 입실 전 수험표를 확인하고 자리를 확인한 후 30분 전까지 입실한다.
2) 준비물 : 응시자는 재료와 도구를 각자 지참하며 흰 가운과 마스크를 착용한다. 용모는 단정하게 하고 기타 일체의 장식은 허용하지 않는다.
3) 모델 : 모델은 1달에서 2주 이상 제모하지 않는 사람을 원칙으로 한다.
4) 감점처리 : 엄격하고 공정한 심사를 위해 부정행위를 할 경우 점수를 감점 처리한다.
5) 부정행위 : 시험장 내에서는 감독관의 지시에 따르도록 한다. 정당한 이유 없이 따르지 않을 경우, 부정행위를 했을 경우는 퇴장 또는 감점을 당할 수 있다.

◆ 부정행위의 예 ◆
- 모델이 응시자를 도와주는 경우
- 종료 시간이 되어서도 계속하는 경우
- 실기 응시자의 기본 준비물 미지참의 경우
- 필기시험 진행 중 시험지와 다른 자료를 참고하는 경우
- 감독관의 지시 및 심사위원의 협조에 불응하는 경우
- 타 응시자의 도구를 빌려서 사용하는 경우
- 부정행위가 있을 경우에는 합격하더라도 자격을 박탈할 수 있다.

⑪ 주의사항

1) 수검원서에 첨부하는 사진은 접수일 전 6개월 이내에 촬영한 명함판 3.5cm×4.5cm 규격의 동일 원판 사진(디지털, 칼라 복사된 사진 등 제외)을 사용하여야 한다.
2) 신분증(주민등록증, 여권, 운전면허증 등)을 반드시 지참해야 하며, 18세 미만인 경우 주민등록등본을 준비해야 한다.

왁싱 자격증 시험안내

⑫ 검정응시료 납부

구분	기술 강사	1급	2급	3급
필기검정 응시료	-	-	필기시험 응시자는 필기시험 원서 접수 시 납부해야 한다. - 응시료 : 20,000원	-
실기검정 응시료	실기시험 응시자는 실기시험원서 접수 시 납부해야 한다. - 응시료 : 100,000원	실기시험 응시자는 실기시험원서 접수 시 납부하여야 한다. - 응시료 : 60,000원	실기시험 응시자는 실기시험원서 접수 시 납부해야 한다. - 응시료 : 30,000원	
합격자 교부 수수료	실기시험 최종 합격자는 자격증 발급 신청을 합격자 발표 후 해야 하며, 자격증 발급 수수료를 납부해야 한다. - 발급비 : 20,000원 - 재 발급비 : 10,000원	실기시험 최종 합격자는 자격증 발급 신청을 합격자 발표 후 해야 하며, 자격증 발급 수수료를 납부해야 한다. - 발급비 : 20,000원 - 재 발급비 : 10,000원	실기시험 최종 합격자는 자격증 발급 신청을 합격자 발표 후 해야 하며, 자격증 발급 수수료를 납부해야 한다. - 발급비 : 20,000원 - 재 발급비 : 10,000원	

〈기타사항〉
1) 접수된 수검원서, 수수료, 응시자격 서류 등은 일체 반환하지 않는다.
2) 수검원서 및 답안지 등의 허위, 착오기재 또는 누락 등으로 인한 불이익은 일체 수검자의 책임으로 한다.
3) 접수된 서류가 허위 또는 위조한 사실이 발견될 경우에는 불합격처리 또는 합격을 취소한다.

WAXING MANAGEMENT
왁싱 매니지먼트

Contents

Part 1 피부 및 모발

Chapter 01 미생물학
1. 박테리아 • 28
2. 바이러스 • 29
3. 페라싸이트 • 30
4. 리켓치아 • 30
5. 진균 • 31
6. 에이즈 • 31
7. 감염 • 31
8. 면역 • 32

Chapter 02 피부
1. 피부의 구조 • 34
2. 피부의 이상 및 질환 • 39

Chapter 03 모발
1. 모발의 구조 및 성장 • 50
2. 호르몬과 모발 • 55

Chapter 04 내분비기관
1. 내분비계 • 58
2. 내분비계의 구성 요소 • 60

WAXING MANAGEMENT
왁싱 매니지먼트

Contents

Part 2 제모

Chapter 01 제모의 역사
1. 제모의 역사와 유래 • 68
2. 실면도의 역사와 발전 과정 • 72
3. 슈거링의 역사와 발전 과정 • 72

Chapter 02 제모의 다양한 방법
1. 일시적 제모 • 74
2. 영구적 제모 • 79

Part 3 왁싱 실무

Chapter 01 왁싱 전문관리사로서의 자세
1. 왁싱 전문관리사의 자격 • 82
2. 고객에 대한 직업적 윤리 • 82
3. 왁싱 전문관리사의 개인적 위생 • 83

Chapter 02 왁싱 관리실의 위생과 소독
1. 위생 • 84
2. 소독 및 살균 • 84
3. 소독의 5요소 • 85
4. 소독 방법 • 85
5. 왁싱 관리실의 위생 • 88

Chapter 03 왁싱 전 준비
1. 시술 구역 설치 • 90
2. 시술 전 준비 사항 • 91
3. 고객의 준비 • 94

Chapter 04 왁싱의 도구 및 기구 사용법
1. 왁싱의 도구 사용법 • 95
2. 왁싱의 기구 사용법 • 101

Chapter 05 부위별 왁싱 방법
1. 왁싱 시술 전 주의 사항 • 102
2. 팔 왁싱 • 106
3. 손 왁싱 • 109
4. 겨드랑이 왁싱 • 111
5. 다리 왁싱 • 116
6. 발 왁싱 • 118
7. 어깨, 등 왁싱 • 121
8. 목 뒤 왁싱 • 124
9. 복부 왁싱 • 126
10. 윗입술 주변 왁싱 • 128
11. 눈썹 왁싱 • 131
12. 남성 눈썹 왁싱 • 136
13. 이마라인 왁싱 • 137
14. 얼굴 측면 왁싱 • 140
15. 얼굴 전체 왁싱 • 141
16. 비키니 왁싱 • 143

WAXING MANAGEMENT
왁싱 매니지먼트

Contents

Part 4 왁싱 비즈니스

Chapter 01 고객 상담
1. 고객 상담 • 150
2. 왁싱 시 금기 사항 및 금기 약품 • 151
3. 왁싱 상담 • 154

Chapter 02 왁싱 살롱 비즈니스
1. 기록 유지 • 160
2. 직원 관리 • 163
3. 예약 일지 및 전화 상담 • 163
4. 왁싱 시술을 적용해서 부가적인 수입을 창출할 수 있는 미용 분야 • 165
5. 왁싱 제품 판매 • 165

Part 5 한국왁싱협회 종합 예상문제(1회~5회)

• 170

waxing
management
왁싱 매니지먼트

part 1

피부 및 모발

Chapter 1.
미생물학

학습목적 안전한 업무 환경에서 왁싱 서비스를 제공하기 위해서 미생물학, 감염, 위생에 대한 내용은 왁싱 전문가가 알아야 할 가장 중요한 부분이라고 할 수 있다. 그 이유는 직접적으로 왁싱 전문가와 고객의 안전에 관한 문제이기 때문이다. 왁싱 전문가로서 위생, 소독, 살균에 관한 중요성을 이해하기 위해서는 먼저 미생물의 구분과 감염, 면역에 대한 지식을 습득해야 한다.

1. 박테리아

❶ 박테리아의 종류

박테리아는 유효한 것인가 해로운 것인가에 따라 비병원체와 병원체의 두 가지 형태로 구분할 수 있다.

(1) 비병원체 박테리아
　① 우리의 생활환경 속에 존재하는 수많은 미생물 중 대부분은 비병원성으로서 자연계의 항상성을 유지시키는 역할을 한다.
　② 비병원체 박테리아는 식물균류에 속하며 이는 죽은 것에 서식하여 그것을 썩게 한다.
　③ 비병원체 박테리아는 입안과 장기 내에 가장 많으며 음식물을 분해시켜 소화 작용을 돕는다.

(2) 병원체 박테리아
　① 병원체 박테리아는 30%라고 할지라도 아주 유해하여 인체에 대한 감염과 질병의 가장 주요한 원인이 되고 있다. 이들은 살아있는 식물이나 동물의 조직에 침입하여 서식한다.

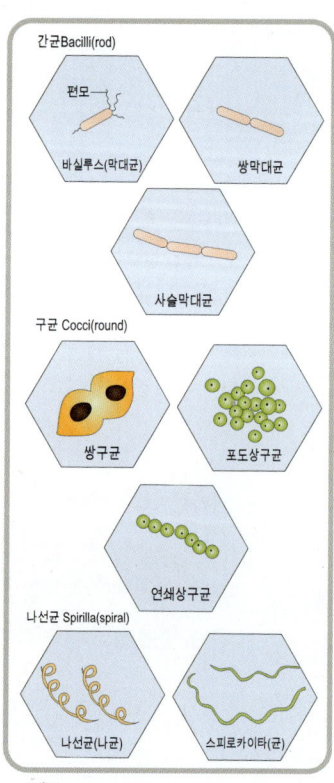

● 세균

② 병원체 박테리아는 신속하게 번식하여 독소나 유해물질을 발생시켜 질병을 일으키고 확산시킨다.
③ 세균의 형태에 따른 분류
　㉠ 구균(Cocci) : 세균의 형태가 공 모양으로 존재하여 고름을 생기게 한다.
　　• 포도상구균 - 스타필로 콕싸이(Staphylococci) : 포도송이 모양의 구균이다. 무리를 지어 서식하며 주로 국부적인 감염에 나타난다. 종양, 종기 혹은 농포, 부스럼, 습진과 같이 화농증을 일으킨다.
　　• 연쇄상구균 - 스트랩토 콕싸이(Streptocococci) : 체인모양으로 서식하고 목병을 생기게 하거나 온몸에 퍼져 폐혈증이나 류마티즘 열을 일으키며, 단독으로 화농증을 일으키는 원인이 된다.
　　• 단구균 - 모노 콕싸이(Monococci) : 구균 한 개가 단독으로 존재한다.
　　• 쌍구균 - 디프로 콕싸이(Diplococci) : 구균이 쌍을 이루어 서식하며 폐렴 등을 발생시킨다.
　㉡ 간균 - 바실리(Bacilli) : 간균은 길고 가느다란 막대기 모양의 세균으로, 그 크기와 길이가 다양하고 양 끝의 모양도 일정하지 않으며 파상풍, 인플루엔자, 장티푸스, 폐결핵 및 디프테리아 같은 것을 발생시킨다.
　㉢ 나선균 - 스피리라(Spirilla) : 세포벽은 얇고 탄력성이 있는 나선형이나 코일모양으로 되어 있는 균으로, 균체 축성편모의 파상운동에 의하여 균체가 운동하며, 매독을 유발시킨다.

 2. 바이러스

(1) 바이러스는 병원체 중에서 가장 작아 세균여과기로도 분리할 수 없으며, 또 광학현미경으로 볼 수 없고 전자현미경으로만 볼 수 있는 작은 입자의 생물의 형태를 말한다.
(2) 바이러스 입자에는 에너지 생성기구나 단백질 합성기구가 없으며, 생존에 필요한 물질로 핵산과 소수의 단백질만을 가지고 있어 숙주에 의존하여 살아간다. 즉, 바이러스는 살아 있는 세포에만 증식할 수 있는 편성세포 내 기생체이다.
(3) 건강한 세포로 들어가서 완성되고 번식하여 때로는 세포를 파괴시키기도 한다. 간

장염·수두·인플루엔자·홍역·유행성이하선염, 그리고 일반적인 감기·인플루엔자·홍역·급성이하선염·뇌염 등의 질환을 유발한다. 바이러스 질환은 항생제·설파제 등의 약물을 먹어도 효과가 없으므로, 예방접종을 하거나 감염원을 피하여 예방하는 것이 최선의 방법이다.

3. 페라싸이트

(1) 다세포의 동물성 혹은 식물성 기생균이다. 살아있는 생명체에 떨어져서 기생하면서 그 주체에게는 아무런 이익을 주지 못한다.
(2) 식물성 페라싸이트의 감염은 버짐이며, 동물성 페라싸이트는 옴벌레 혹은 이 같은 전염병을 발생시킨다.

4. 리켓치아

(1) 리켓치아는 세균과 바이러스의 중간에 속하는 미생물로서 단단한 세포벽으로 둘러싸여 있는 간균을 말한다.
(2) 호흡효소나 아미노기전이효소 등을 가지고 있어 스스로 물질대사와 복제가 가능하다. 자연에서 이, 진드기, 벼룩 등의 흡혈성 절지동물에 기생하며, 이들을 매개로 하여 감염되어 발진성·열성 질환을 나타낸다.
(3) 인체에 발병하는 리켓치아성 질병은 11가지 정도가 알려져 있으며, 대표적인 것은 유행성 발진티푸스, 로키산홍반열, 쯔쯔가무시병, 발진열, 큐(Q)열, 선열 등이 있다.

5. 진균

(1) 사람에게 질병을 일으키는 병원성 진균은 무좀·진균증(Mycosis) 등의 피부병을 유발시킨다.
(2) 대표적인 진균성 피부질환으로는 백선을 들 수 있다. 백선은 그 발병 부위별로 족부백선, 수부백선, 두부백선, 체부백선으로 나눌 수 있다. 그 중 전체의 30~40%를 차지하는 것이 족부백선인데 특히 목욕탕, 수영장 등 사람이 많이 모이는 곳에서 전염될 수 있다.
(3) 다른 신체부위의 진균증을 가진 환자의 약 40% 가량에게서 손톱백선이 나타나는데 다른 백선균 병소를 긁을 때 진균이 손톱 끝 각질에 붙어 있다가 손톱으로 침입하여 발생하기도 한다.

6. 에이즈

(1) 에이즈는 후천적으로 면역기능이 상실되어 결국 죽게 되는 질병으로 그 자체가 병은 아니나 면역결핍 때문에 인체가 각종 병균에 대해 무방비 상태가 되는 것이며 그렇게 되면 평소 활동을 하지 않았던 병원균들까지 활동을 시작하여 끝내는 사망에 이르게 된다.
(2) 에이즈 병원체인 HIV는 주로 성교, 감염된 혈액 수혈, 모자감염의 3가지 경로를 통해 전염된다.

7. 감염

(1) 감염은 체내의 조직에 박테리아 바이러스 혹은 진균과 같은 병을 일으키는 미생물이 침입함으로써 발생한다.

(2) 미생물이 체내의 조직에 서식하며 번식함으로써 조직에 손상을 입힌다.
(3) 보통 국부적으로 나타나며 이 감염이 혈류로 퍼져서 온몸에 옮겨지는 것을 전체 감염이라 한다.

8. 면역

면역이란 이물질이나 다른 유기체의 침입에 대한 인체의 특정한 방어반응을 뜻한다. 즉, 신체의 방어기전으로의 항체를 말하며 질병에 대한 감수성을 저하시킨다. 일반적으로 한 가지 전염병에 대한 면역은 다른 전염병에 대해서는 효과를 발휘하지 못한다.

❶ 선천적 면역

사람이 태어날 때부터 갖고 있는 면역으로 전반적인 질병에 대한 저항력을 의미한다.

❷ 후천적 면역

후천적으로 획득된 면역은 출생 시 없던 면역반응이 살아가는 동안 획득되는 것을 말한다. 일반적으로 면역은 후천적 면역을 말하는 것으로 항체가 어디서 유래되었느냐에 따라 능동면역, 수동면역으로 구분된다. 또한 어떠한 방법으로 얻어졌느냐에 따라 인공면역이나 자연면역의 방법으로 구분된다.

(1) 능동면역

병원체 또는 독소에 의해 생체의 세포가 스스로 활동하여 생기는 면역으로 어떤 항원의 자극에 의해 항체가 형성되는 상태를 말한다.

(2) 수동면역

피동면역이라고도 하며, 이미 면역을 가지고 있는 개체의 항체를 다른 개체가 받아서 면역력을 지니게 되는 경우이다. 수동면역은 능동면역에 비해 면역효과는 빨리 나타나는 반면, 체내에서 빨리 파괴되어 면역의 지속기간이 짧은 것이 특징이다.

● 면역의 분류

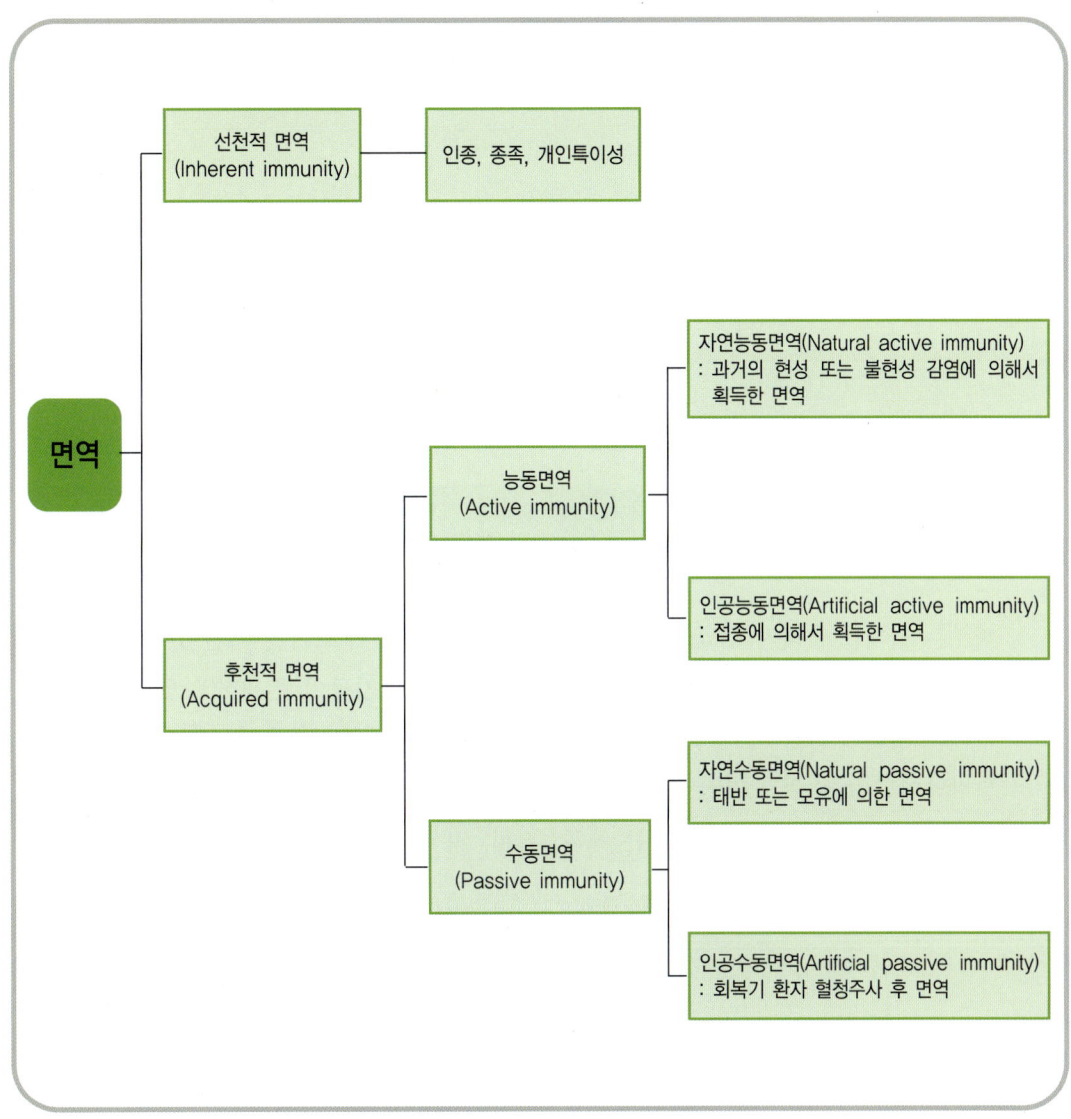

Chapter 2.
피부

학습목적 왁싱 전문가가 피부에 관한 과학적 지식을 습득하는 것은 매우 중요하다. 피부의 구조, 피부의 기능, 피부의 이상 및 질환에 관한 올바른 지식을 갖춘 왁싱 전문가는 왁싱 시술에 관한 전문적인 상담과 조언을 해줄 수 있다. 또한 왁싱 전문가가 왁싱 시술에 관한 효과적인 프로그램을 갖추기 위한 기초가 되기 때문이다.

1. 피부의 구조

피부는 신체를 둘러싸고 있으며 외부환경으로부터 몸을 보호하는 기관이다. 피부에는 각기 기능이 다른 모발, 손톱, 한선, 피지선 등의 부속기관이 존재하고 있다. 피부의 두께는 부위에 따라 차이는 있으나 평균 2~2.2mm이며, 가장 두꺼운 부위는 손바닥, 발바닥이고 눈 주위가 가장 얇다. 피부의 층 면적은 성인 기준 대략 1.6m^2이며 무게는 체중의 약 16% 정도이다. 피부는 표피, 진피, 피하지방층으로 구분되며 각각의 기능과 특성을 가지고 있다.

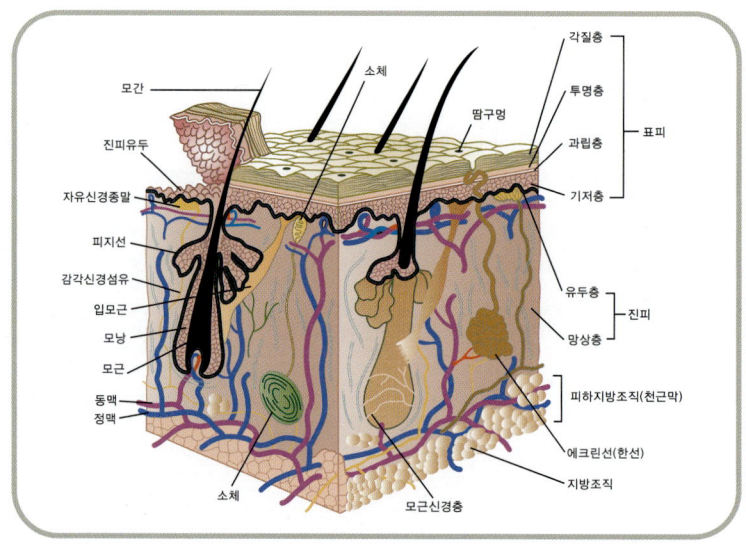

● 피부의 구조

❶ 표피(Epidermis)

(1) 표피의 개념

① 표피는 피부 최외각 층으로, 눈으로 보거나 직접 만질 수 있는 층이며 외부자극으로부터 피부를 보호하는 기관이다. 두께는 표피의 두께로 결정된다. 표피는 아래부터 기저층, 유극층, 과립층, 투명층, 각질층으로 구성된다.

② 표피를 구성하고 있는 대부분의 세포는 각질형성세포(Keratinocyte)로써 표피의 가장 아랫부분인 기저층에서 생성이 된 후, 위로 밀려 올라가면서 점차로 그 특징이 변이 되어 딱딱한 케라틴이 되면서 가장 윗부분까지 올라간 후 외부로 떨어져 나간다.

③ 표피의 제일 큰 역할은 인체의 가장 바깥부분으로 외부환경과 접하고 있기 때문에 이들 외부환경으로부터 인체를 보호해 주는 것이다. 외부환경으로부터의 효율적인 방어막 역할을 하기 위해, 살아있었던 말랑말랑한 세포들이 죽으면서 딱딱한 벽돌처럼 변하고, 이러한 벽돌들이 시멘트 역할을 하는 지질성분들에 의해 단단하게 연결되어 하나의 완벽한 보호 장벽을 만들게 된다.

(2) 표피의 구성

① 기저층(Basal layer)

㉠ 표피의 가장 밑에 있는 층으로 진피와 접해 있는 부분으로 각질형성세포들이 탄생하는 장소이다. 이 기저층에는 줄기세포라고 불리는 원래의 각질형성세포들이 한 줄로 늘어서 있는데, 이 세포들이 분열을 하면 딸세포가 만들어지고, 이 딸세포는 새로운 세포들이 생산될 때마다 밀려서 위로 올라가게 된다.

㉡ 처음 탄생한 각질형성세포는 세포액이 많이 차 있고 둥글고 탱탱한 모양이며 세포 외에 있는 물질(Extracellularmatrix)들도 충분하여 수분 함유량이 상당히 높다.

㉢ 기저층의 세포 내에는 각질형성세포와 색소형성세포가 있다. 각질형성세포의 수명은 약 28일이며, 피부 부위에 따라서 조금씩 다를 수 있으나 피부 표면에서는 매일 수백만 개의 노화된 각질형성세포들이 떨어져 나가고 아래 기저층으로부터 수백만 개의 새로운 세포가 생성되어 올라오게 된다. 신진대사가 둔화된 노화피부에서는 각질층의 피부세포가 탈락되는 데 시간이 많이 걸리므로 각질층이 두꺼워진다.

② 유극층(Spinous layer)
   ㉠ 표피 중 가장 두꺼운 층이며 세포는 원추상 방추형으로 다각형을 이루고 있다. 유극층 세포는 세포간격이 있으며 세포끼리 가시를 통해 영양분을 교환하고 림프액이 존재한다.
   ㉡ 이 층에서부터 세포 내에 지질입자(Lamellar granules)들이 나타나기 시작한다. 이 입자들은 점점 위로 올라가면서 각질층의 보호장벽을 형성하는데 결정적인 역할을 하는 물질들이다. 이 입자들은 주로 세라마이드, 콜레스테롤, 지방산고 같은 지방(Lipid) 물질을, 이외에도 여러 가지 효소성분들로 즉 단백질 분해효소(Proteases), 포스파타제(Phosphatase), 지방분해효소(Lipases), 당분해효소(Glycosidases)도 함유하고 있다.

③ 과립층(Granular layer)
   ㉠ 유극층에서 과립층으로 밀려 올라온 세포들은 이 층에서 생명을 잃으면서 케라틴이라는 죽은 각질이 되기 시작한다. 이 층에서부터 세포 내에 작은 과립물질(Granule)들이 나타나는 것을 볼 수 있는데, 이들의 모양을 따서 과립층이라는 이름이 붙여졌다.
   ㉡ 과립층에는 외부로부터의 이물질 통과와 피부 내부로부터의 수분 증발을 저지하는 방어막이 있어 피부염이나 피부 건조를 방지하는 중요한 역할을 한다.

④ 투명층(Lucid layer)
   생명력이 없는 무색, 무핵 세포로 3~4층의 납작한 호산성 세포로 구성되어 있고 세포질은 반유동체 물질인 엘라이딘과 유리과립을 함유하고 있다. 산성 지향성의 성질을 지니며 피부의 산성막을 형성하는 층으로 손바닥과 발바닥에만 존재한다.

⑤ 각질층(Horny layer)
   ㉠ 과립층에서 밀려올라 간 각질 세포는 외피의 가장 바깥층인 각질층에 도달한다. 이 층에 자리 잡고 있는 세포들은 각질화 과정(Keratinization)이 완성되어 완전히 변이된 형태를 가지고 있다. 세포 내 소기관들은 다 사라지고 벽돌담처럼 질서정연하게 배치된다.
   ㉡ 세포 안에는 케라틴이라는 단백질들이 꽉 들어차 있어 딱딱해져 있다. 세포와 세포 사이에는 이중 구조로 된 지방물질들이 시멘트와 같은 작용을 하면서 세포들을 단단하게 연결한다.

ⓒ 각질층의 주성분으로 케라틴단백질(58%), 지질(1%), 천연보습인자(38%)를 함유하고 있으며 각질층에는 천연보습인자가 있어 10~20%의 수분을 함유하고 있다. 수분량이 10% 이하가 되면 건조하고 피부가 거칠어지며 피부노화를 촉진시킨다.

❷ 진피(Dermis)

(1) 진피의 개념

① 진피는 표피 두께의 약 15~40배 정도 되는 두꺼운 층으로 표피 바로 밑에 있다. 진피층은 구조상 유두층, 유두하층, 망상층으로 나누며 그 구분이 확실하지는 않다.

② 진피층은 결합섬유(교원섬유 : Collagenous fiber)와 탄력섬유(Elastic fiber)로 구성되어 있다. 그 중 결합섬유는 진피의 주성분으로 약 70~80%를 차지하며 탄력섬유는 약 2% 정도를 차지한다. 피부조직 이외에 혈관, 신경관, 림프관, 한선, 모발과 입모근 등을 포함하고 있어서 표피층에 영양을 공급 및 분비하고 감각 등의 중요한 기능을 담당한다.

③ 결합섬유는 기계적 외부압력이나 화학적 자극에 대해 강한 저항력을 가지고 있어 각질층과 함께 신체 내부를 보호하는 역할을 하지만, 노화됨에 따라 구조적 변화와 재생력 저하로 늘어지고 기능이 약화된다.

(2) 진피의 구성

① 유두층(Papillary layer)
ⓐ 유두층은 결합조직으로 표피층과 수평으로 경계가 진 것이 아니고 진피가 표피 쪽으로 둥글게 돌출되어 있는데, 이 돌출된 부분을 유두(Dermal papilia)라고 한다.
ⓑ 유두층은 미세한 교원질(Collagen)과 섬유사이의 빈 공간으로 이루어져 있으며 세포 성분과 기질 성분이 많다.
ⓒ 유두층은 돌기모양으로 표피에 이어지는데, 이곳에 모세혈관이 몰려있어 기저층에 많은 영양분을 공급해주므로 표피의 건강 상태가 이 층에 달려 있다고 할 수 있다. 또한 감각기관인 촉각과 통각, 신경종말이 다량 분포하고 있어 신경전달을 하고 있으며 수분을 다량으로 함유하고 있다.

ㄹ 표피~진피 간 물결모양으로 인하여 피부를 옆으로 당겼을 때 신축성을 보이며 피부 모양을 유지함으로써 피부의 팽창과 탄력에 관여한다. 이 표피와 진피와의 경계인 물결 모양은 노화가 진행됨에 따라 편평해져 완만해지는 정도에 따라 노화의 정도를 짐작할 수 있다.
② 망상층(Reticular layer)
　　㉠ 망상층은 그물모양의 결합조직으로 그 조직의 모양에 의하여 피부가 넓게 혹은 길게 늘어날 수 있는 탄력적인 성질을 지니게 한다. 이 조직은 대부분 일정한 방향을 가진 섬유단백질인 콜라겐(Collagen)과 엘라스틴(Elastin)으로 이루어진 결합조직으로 피부가 과잉으로 늘어나거나 파열되지 않게 보호한다.
　　㉡ 유두층과는 달리 모세혈관은 거의 없으며 혈관, 피지선, 한선, 신경 등이 분포되어 있다.

❸ 피하조직(Subcutaneous tissue)

(1) 피하조직의 두께는 부위에 따라 다르며 성별, 연령에 따라서도 차이가 있다. 진피와 근육, 뼈 사이에 위치하며 지방을 함유하고 있다. 그물모양으로 생겼으며 밀고 잡아당기는 성질의 느슨한 결합조직으로 이루어져 있어 지방세포들이 그곳에 있다.

(2) 지방세포는 피하지방을 생산하고 지방세포 사이사이에는 진피로 연결되는 섬유들과 혈관 림프관들이 진피에서 보다 굵은 형태로 자리 잡고 있다.

(3) 피하지방층의 지방세포들은 지방을 생산하여 체온의 손실을 막는 체온 보호기능, 외부의 압력이나 충격을 흡수하여 신체 내부의 손상을 막는 물리적 보호기능, 인체에서 소모되고 남은 영양이나 에너지를 저장하는 저장기능을 한다.

(4) 여성호르몬과도 관계가 있어 여성 신체선의 부드러움을 부여하고 체내 열 조절, 외부의 충격으로부터 신체를 보호하는 특성을 가지고 있다.

(5) 피하지방층의 두께는 성별, 연령, 유전적 체형, 영양 상태, 부위에 따라 다양하다.

2. 피부의 이상 및 질환

1 원발진(Primary lesions)

(1) 반점(Macule)

경계진 편평한 병변으로 주위의 피부색과 달라서 구분되는 것, 피부 표면에 작고 퇴색한 반점이나 주근깨와 같은 것으로 튀어 오르지도 가라 앉지도 않은 상태이다. 크기는 1cm 이하이며, 모양은 다양할 수 있다.

예 주근깨, 백반증, 기미, 몽고반점

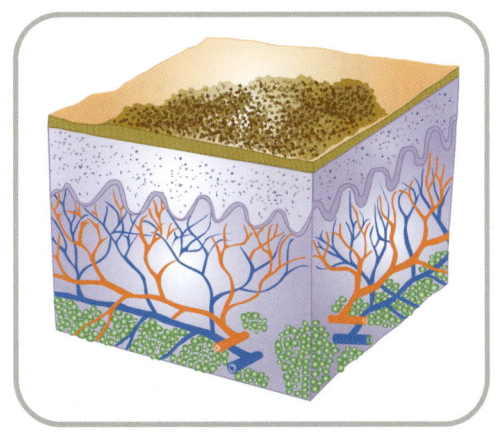

(2) 구진(Papule)

작고 단단한 융기된 병변, 일반적으로 1cm보다 작은 크기이고 구진의 주요 부위는 주위보다 돌출되어 있다. 융기는 대사물질의 침착, 표피 혹은 진피에 세포 성분의 과증식에 의한 것 또는 부분적인 세포침착에 의한 것이다.

예 사마귀, 융기된 점, 편평태선

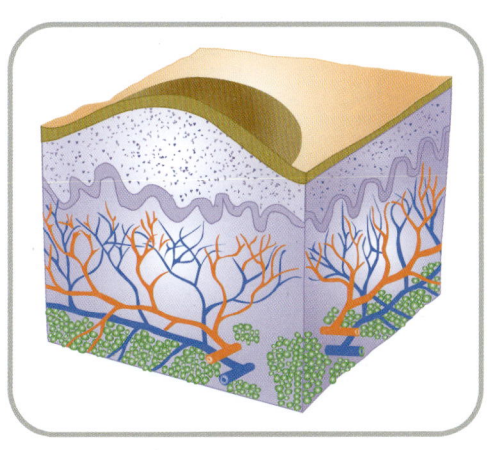

(3) 결절(Nodule)

단단하고 둥근 혹은 타원체의 병변으로 손으로 만져지며 눈에 보일 수도 있고 눈으로 보이지 않을 수도 있다. 결절은 피부 병변으로 상처 조직, 감염, 지방 침착물, 또는 다른 조건들에 의해 유발될 수 있다.

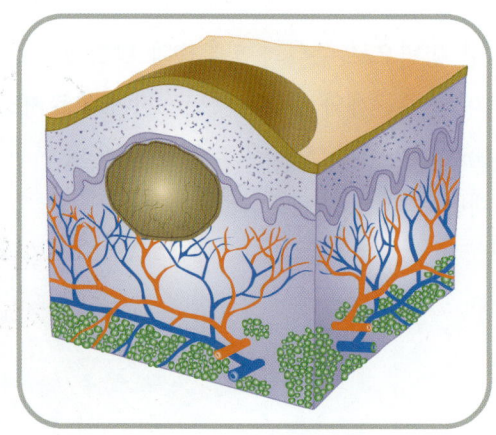

(4) 종양(Tumor)

연하거나 단단하며 여러 가지 모양과 크기의 덩어리 형태이다.

예 양성 종양, 지방종, 혈관종

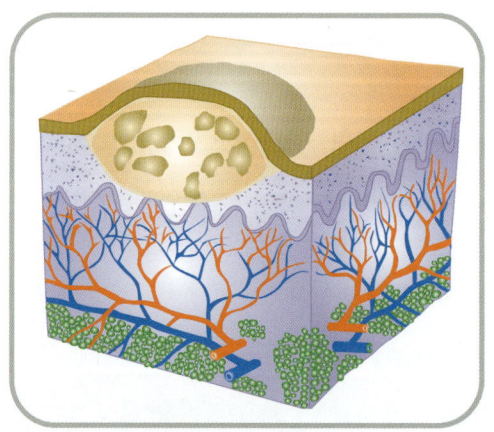

(5) 팽진(Wheals)

두드러기로 인해 증상은 가볍고 부푼 자리가 몇 시간 동안 지속된다. 지속적이지 않고 시간이 지나면 주위의 연관되지 않은 부분으로 이동하는 수도 있다.

예 두드러기, 알레르기 반응, 모기 또는 곤충에 물렸을 때

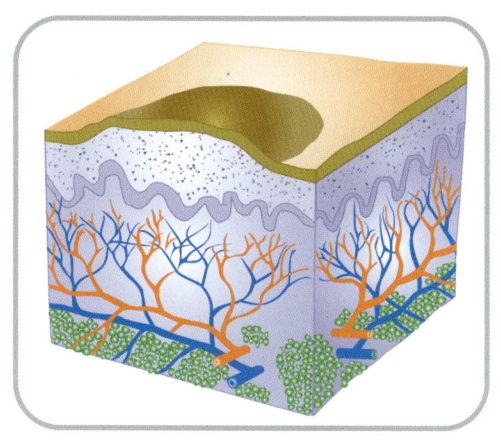

(6) 소수포(Vesicles)

직경 1cm 미만의 맑은 액체가 포함된 물집이다. 소수포는 경계진 융기된 액체를 함유한 병변이다.

예 수두, 대상포진

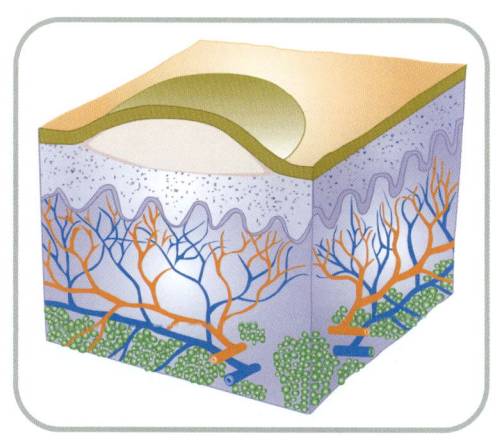

(7) 대수포(Bulla)

소수포보다 큰 1cm 이상의 수포이다.

예 물집, 심상성 천포창

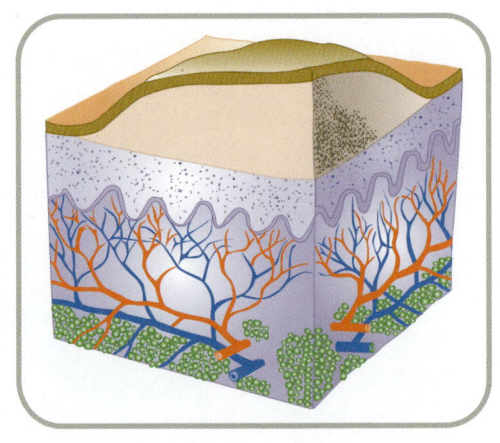

(8) 농포(Pustules)

농포는 농을 포함한 피부의 작은 융기로 백혈구로 구성된 농은 세균을 포함하고 있다. 크기나 모양은 다양하고 색은 흰색, 노란색, 녹색 빛의 노란색일 수 있다.

예 농가진, 여드름

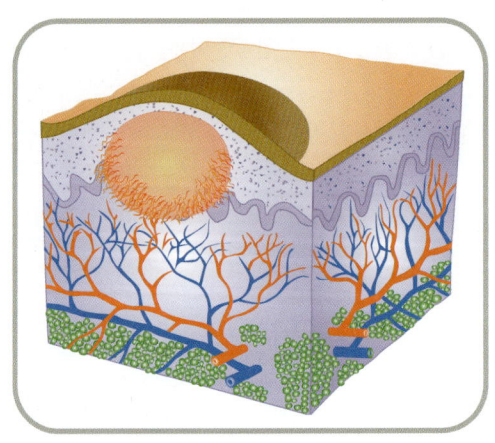

❷ 속발진(Secondary lesions)

(1) 인설(Scale)

건조하거나 습한 각질의 측상 덩어리, 쌓여 있는 각질화 된 세포들, 벗겨지기 쉬운 피부, 건조하거나 기름기가 있으며, 크기는 다양하다.

예 성홍열 후에 피부와 동반한 피부각질의 박편, 약물 반응 후에 피부각질의 박편, 건조 피부

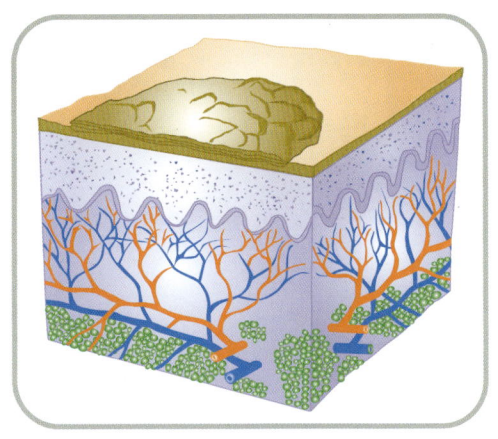

(2) 찰상(Scratch mark)

여러 소양성 질환에서 소양감을 제거하기 위해 손톱으로 긁거나, 물리적 자극을 가했을 때 생긴다.

예 벗겨짐, 긁은 상태, 옴

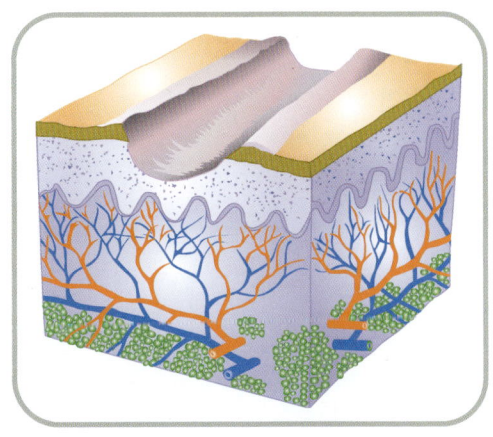

(3) 균열(Fissure)

피부에 선상의 분열이나 갈라진 금으로 통증을 유발할 수 있다. 특히 손바닥, 발바닥의 건선이나 만성 피부염 시 피부의 과도한 건조함으로 생기는 것이다. 표피부터 진피까지 직선으로 생긴 틈, 건조 또는 습한 부위에서 생긴다.

예 운동선수 발, 입 끝의 균열

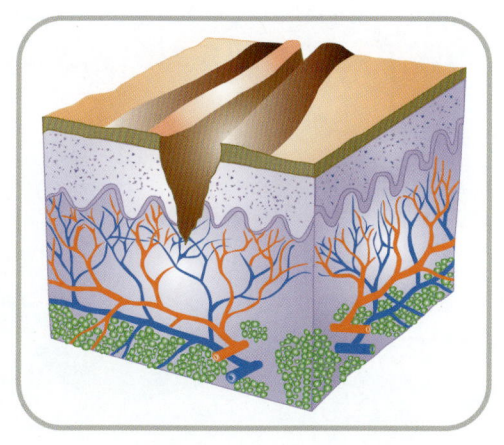

(4) 가피(Crust)

상처에 의해 형성된 외층으로 분비물이 피부 표면에 말라붙은 것을 말한다. 가피는 혈청, 혈액, 화농성 침출액이 피부에서 건조되어 생기는 단단해진 축적으로 화농성 감염이 특징이다. 병변은 얇고 민감하고 부서지기 쉽고 혹은 두껍고 부착적일 수 있다. 색은 혈청이 건조되면 노란색, 노란녹색을 띠며, 혈액이 건조되면 어두운 붉은색이나 갈색을 띤다.

예 찰상의 딱지, 습진

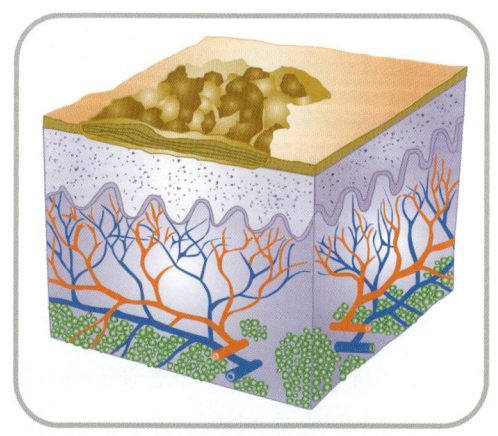

(5) 미란(Erosion)

수포가 터진 후 표피만 떨어져 나가 생긴 것이다.

예 파열 후 수두, 두창

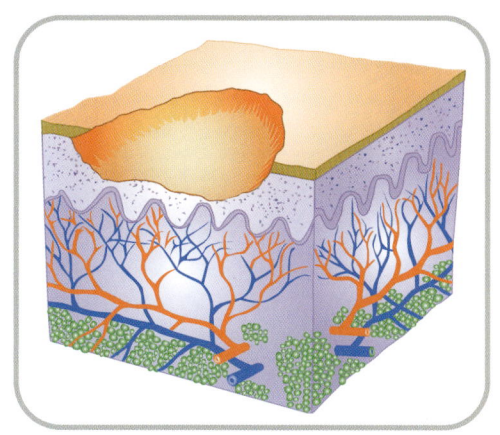

(6) 궤양(Ulcer)

염증성 괴사성 조직의 탈락에 의한 조직 표면의 국소적 결손 또는 함몰된 상태이다.

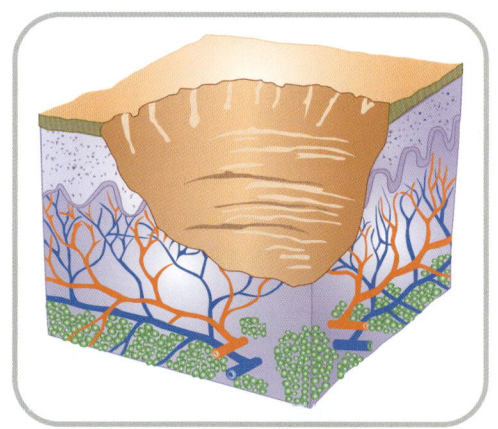

(7) 반흔(Scar)

흉터는 상처나 궤양이 일어났던 곳에 생기고 영향 받은 부위의 치유 양상을 반영한다. 흉터는 비후성, 혹은 위축성일 수 있다. 또한 경화하거나, 단단한 콜라겐 증식의 과정일 수 있다.

예 외과적 절개나 회복된 상처

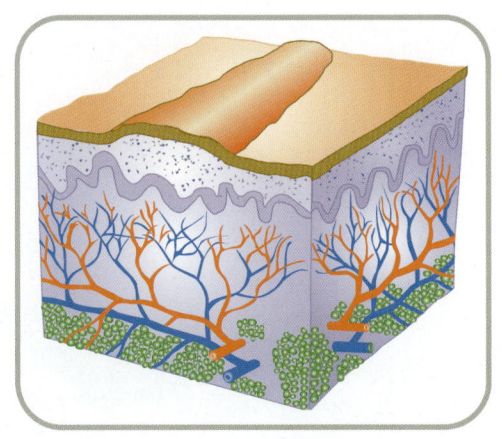

(8) 위축(Atrophia)

피부조직의 크기가 축소된 상태이다. 세포, 조직, 장기, 몸 일부의 크기가 감소하는 것이다. 표피 위축은 표피 세포 감소로 인한 표피의 얇아짐을 의미한다. 진피 위축은 진피 결체조직의 감소로 인한 것으로 피부의 함몰로 나타난다. 진피 위축은 염증이나 외상에 의해 나타날 수 있다.

예 노화 피부

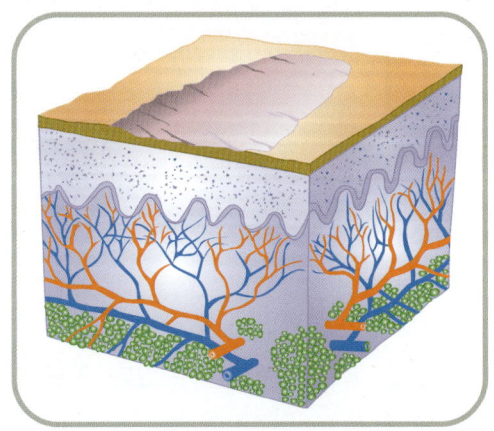

(9) 태선화(Lichenification)

표피 전체와 진피의 일부가 가죽처럼 두꺼워지는 현상으로 피부는 광택을 잃고 유연성이 없어지며 딱딱해지고 피부 주름이 뚜렷해진다.

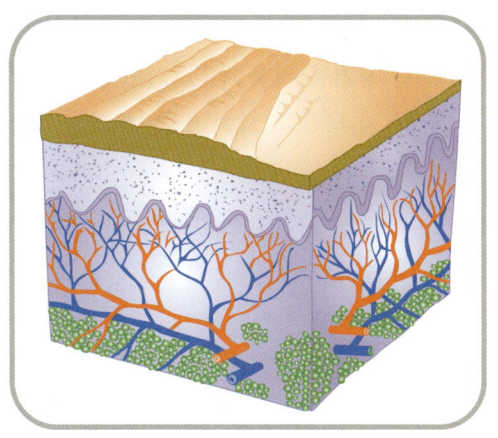

(10) 비립종(Miliums)

백색면포(Whitehead)라고도 불린다. 피지의 과잉분비와 죽은 세포의 축적을 포함하고 있다. 비립종은 외과적 시술 또는 피부 박리술, 화학적 박피, 피부재생관리, 제모 후에 빈번하게 나타난다.

❸ 피부염(습진)과 알레르기

(1) 습진은 2가지로 분류된다. 그 중 하나는 증세의 경과에 따라 급성과 만성 습진으로 나누어진다. 그리고 원인에 의해 분류하는 방법으로는 접촉성 피부염, 아토피성 피부염, 지루성 피부염, 신경성 피부염, 화폐상 피부염, 자가 감작성 피부염으로 분류한다. 여기에 포함되지 않는 것은 심상성 습진이라고 하며 급성, 만성 습진으로 분류한다.

(2) 습진의 발생기전은 1차 자극성 기전과 알레르기성으로 나누어지는데, 원인 물질에 접촉한 부위에 거의 일치하여 발진이 생긴다. 심한 경우에는 선명한 홍반, 진무름을 볼 수 있다. 임상증상과 병리조직학적 방법으로 2가지를 감별하는 것은 어려운 일이지만, 첩포 시험(Patch test)을 시행하여 정확히 알아낼 수 있다.

❹ 아토피 피부염(Atopic dermatitis)

(1) 어린아이들에게서 아주 흔하며 천식, 공기매개 코 알레르기, 민감하게 반응하는 면역체계를 가진 사람들에게 잘 나타나는 유전자적인 피부 상태이다. 유아기, 어린이의 습진을 아토피성 피부염이라고 하는 것이 일반적이다.

(2) 증세는 만성적으로 진행되는 습진이지만, 유아기에는 반복해서 발생하는 급성

습진이나 소아기나 성인기가 되면 태선화, 홍반 등으로 변하는 경향이 있다.
(3) 아토피 피부염은 차가운 겨울에 더욱 악화되는 경향이 있다. 스트레스 또한 요인이 될 수 있다. 또한 과도하게 땀을 흘리면 아토피 피부염이 급속히 확산될 수가 있다.
(4) 비누나 클렌징 제품을 사용한 과도한 목욕은 되도록 하지 않고, 보습제를 정기적으로 발라주어 피부가 건조해지는 것을 막아주는 것이 좋다.

❺ 모낭염(Folliculitis)

(1) 피부 아래에 있는 털이 뽑히거나 찢기거나 파손되었을 때, 그 털이 난포 옆쪽에 자라면서 자극을 유발한다.
(2) 부적절하게 면도를 한 경우 털이 위로 자라지 않고 피부 표면 속으로 자라서 박테리아 감염이 유발될 수 있다. 모낭염은 주로 염증과 고름을 동반한다.

❻ 피부의 염증

(1) 습진(Eczema)
원인을 알 수 없고 오래가는 만성 피부질환이다. 특징은 가렵고 따가우며 진물이 난다.

(2) 건선(Psoriasis)
둥글고 거친 딱지가 앉는 만성염증으로 주로 머리와 팔꿈치, 무릎 그리고 가슴이나 등에 생긴다.

❼ 피부의 색소 이상 상태

(1) 흑자(Lentigo)
피부에서 볼 수 있는 원형이거나 난원형인 평탄한 갈색의 색소반으로 멜라닌의 침착 증가에 의해서 생긴다.

(2) 백색증(Albinism)
털과 피부 및 눈에 선천적인 흑색소 결핍증을 말하며 전문용어로는 색소 부족증이라고 한다.

(3) 백반증(Vitiligo)

특발성 자가 면역성에 의한 피부멜라닌 세포가 파괴된 상태로써 색소가 탈락된 반과 이를 둘러싼 부위는 색소침착이 보이며 때로는 천천히 확대되기도 한다.

(4) 기미(Chloasma)

피부에 색소침착으로 불규칙한 경계를 이루며 자각증상을 동반하지 않는다.

(5) 얼룩(Stain)

피부의 얼룩 상태를 말한다.

Chapter 3.
모발

학습목적 왁싱 전문가로서 모발에 대한 지식을 가지고 있는 것은 중요하며 이러한 지식은 왁싱 전문가로서의 강점이 될 수 있다. 모발의 구조 및 성장, 호르몬과 모발의 관계에 대한 지식을 습득함으로써 왁싱 시술 상담 시 각각의 고객에게 맞는 왁싱 시술 프로그램을 제안할 수 있으며, 고객의 모발에 대한 이해와 분석을 통해 보다 전문적이고 체계적인 왁싱 시술을 제공하는 데 도움을 받을 수 있을 것이다.

1. 모발의 구조 및 성장

❶ 모발과 모낭

(1) 모발은 케라틴이란 단단한 단백질로써 관상형태의 모낭(Hair follicle)에서 생산된다.

(2) 모낭은 표피의 덩어리로 아래로 진피까지 뻗어 작은 관을 형성한다. 모낭은 아래부위에서 부풀어 모구(Hair bulb)를 형성하고 관상형태는 그 자체로 유두라 부른다. 모발섬유, 또는 모간(Hair shaft)은 모낭의 위쪽으로 이동해 피부 표면 위까지 뻗는다.

(3) 모낭은 기름샘 부속기와 한선, 입모근(기모근)과 연결되어 있고 모근과 모간으로 구성된 모발이 있다. 모낭은 신체 모든 부위에 분포한다.

(4) 모낭의 가장 큰 부분인 모구는 모낭이 기저부를 이루고 있고 진피유두라고 불리는 조직이 난형의 강에 채워져 있는데 이 진피유두에는 모낭에서 모발의 성장과 영양에 필요한 혈관이 있고, 모발에 윤기를 주고 수분증발을 방지하는 역할을 한다.

(5) 적절한 양의 피지 분비는 건강한 피부와 모발에 필요하며, 얼굴에는 대략 평방인치당 3,200개의 모낭을 포함한다.

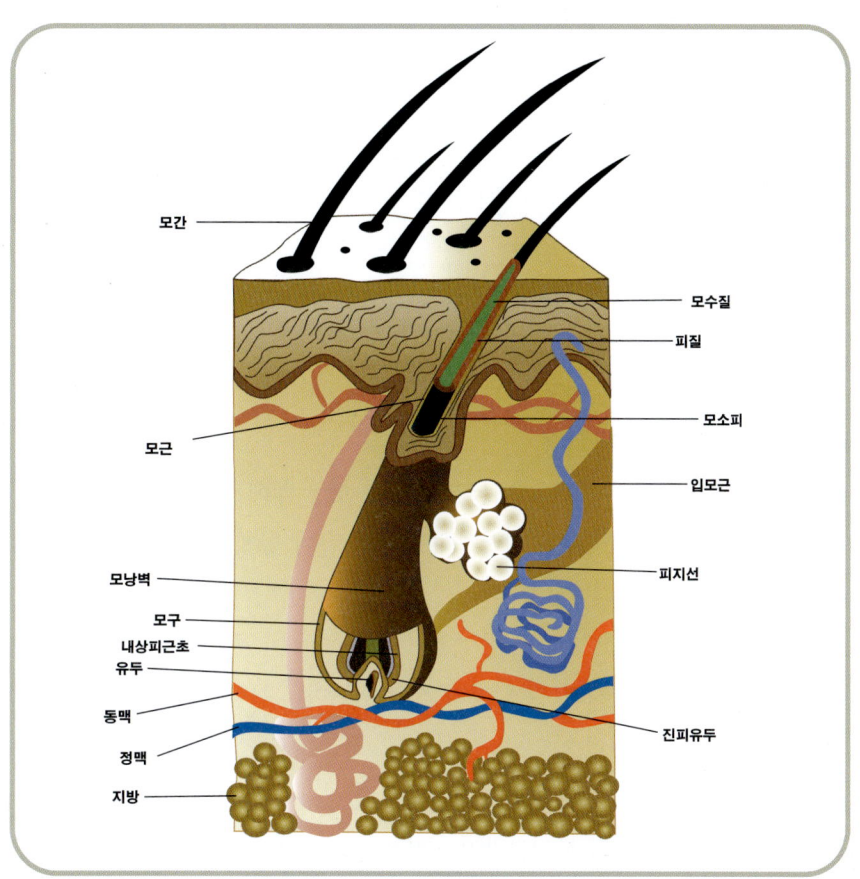

● 모발의 구조

❷ 모발의 구조

(1) 모근부

① 모낭

모근을 감싸고 있는 형태로 모모세포가 분열해 모발이 생성되어 각화되기까지 보호하는 기능을 한다.

② 모유두

㉠ 모구부 아래에 위치하여 오목한 모양을 하고 있다.

㉡ 모모세포가 빈틈없이 짜여 있고 모세혈관과 자율신경이 분포되어 있으며, 모발을 성장시키는 영양분과 산소를 공급하고 모발의 성장을 담당한다.

㉢ 모유두에 문제가 생기면 모발을 생성할 수 없다.

③ 모구

전구모양으로 모유두의 윗부분에 위치하고 있으며, 모유두와 모모세포로 구성되어 있다.

④ 입모근

날씨가 춥거나 겁에 질렸을 때 입모근이 수축하여 털을 곤두세워서 소름을 돋게 하는데 수축 시 모공을 닫아 체온 손실을 막아 주는 역할을 한다. 눈썹, 속눈썹, 코털, 겨드랑이 털 등에는 없다.

⑤ 피지선

㉠ 손바닥, 발바닥을 제외한 전신의 피부에 존재하며 신체 부위에 따라 크기, 형태, 분포도 등이 다르다.

㉡ 피지선의 활동은 호르몬의 영향이 크며, 피지선은 여성보다 남성이 크고, 피지량도 남성이 많다.

㉢ 피지선에서 분비되는 피지는 모낭벽과 모낭 내에 있는 모발을 통하여 모발 표면에 얇은 산성막을 형성하여 모발을 윤기 있게 하는 동시에 외부로부터 보호 역할을 한다.

⑥ 한선

㉠ 땀샘은 피부의 진피 층에 자리 잡고 있으며 온몸에 약 200만~400만 개가 있다.

㉡ 땀샘의 주위를 모세혈관이 그물처럼 둘러싸고 있는데, 혈액으로부터 걸러진 노폐물과 물이 모세혈관에서 땀샘으로 보내져 땀이 생성된다.

㉢ 땀을 흘리면 피부 표면에서 주위의 열을 흡수하면서 증발하므로 체온을 낮추어 우리 몸의 체온을 일정하게 유지시키는 역할을 하게 된다.

㉣ 분비물은 약산성을 띠어 세균의 번식을 억제시킨다.

㉤ 종류로는 에크린선과 아포크린선이 있다.

- 에크린선은 소한선으로 피부 전반에 존재한다. 특히 손바닥, 발바닥, 앞이마, 손등에 많고 땀의 산도는 pH3.8~5.6이고 무색무취이다.
- 아포크린선은 대한선으로 모공과 연결되어 털이 있는 부분과 겨드랑이에 가장 많고, 유두, 항문주위, 음낭, 하복부 등의 특정 부위에 분포한다. 산도는 pH5.5~6.5로 세균으로 인하여 산도가 붕괴되면 pH가 8까지 증가하여 특유의 냄새(액취증)를 동반하기도 한다(pH가 높을수록 세균번식력이 높아진다).

(2) 모간부

① 모표피

모발의 최외층을 구성하고 있으며, 무색투명한 비늘상의 가장 바깥층으로 무

　　　　핵의 편평한 판상의 세포로 5~15층이 경단백질로 구성되어 있다.
　② 모피질
　　　㉠ 모표피의 안쪽에 위치하고 친수성으로 모발의 대부분인 85~90%를 차지한다.
　　　㉡ 모발의 응집력과 모발색상을 결정하는 멜라닌 색소를 함유하고 있다.
　　　㉢ 세포와 세포 사이 는 간충물질로 연결되어 강하게 붙어 모발의 유연성, 탄력, 강도, 촉감, 질감 등 모발의 성질을 나타내는 중요한 부분이다.
　③ 모수질
　　　㉠ 모발의 중심부에 위치하고 있으며 속이 비어있는 상태로 죽은 세포들이 모발의 길이 방향으로 다각형의 형상으로 존재하며 공기를 함유하고 있어 보온의 역할을 한다.
　　　㉡ 대다수 동물에는 몸의 전체 모발 중 2/3를 차지하고 있다.

> **간충물질**
> - 섬유상 세포들이 보다 견고하고 완전하게 결합할 수 있도록 섬유상 세포들 사이의 빈 공간 및 틈새를 채우고 있는 물질이다.
> - 건강한 모발의 피질 내부에 차 있으며, 모발에 적절한 수분 유지, 즉 수분증발을 억제함과 동시에 수분과 결합하는 시멘트 역할을 한다.

❸ 모발의 성장 주기

모발의 성장은 기저층 세포의 활성도에 의해 결정된다. 이러한 세포들은 털망울 안에서 볼 수 있다. 모발의 성장은 다음 3단계로 이루어지며, 이 모발 성장의 3단계를 이해하는 것은 중요하다. 두 개의 모발이 바로 옆에서 자랄 수 있으나 모발 성장의 단계는 다르다.

(1) 성장기
　성장기 동안은 모구가 가장 활성화 되는 시기로 진피를 아래로 밀어내며 세포의 유사분열로 부풀게 된다.

(2) 퇴행기
　퇴행기에는 모간이 위쪽으로 자라며 모구로부터 떨어진다.

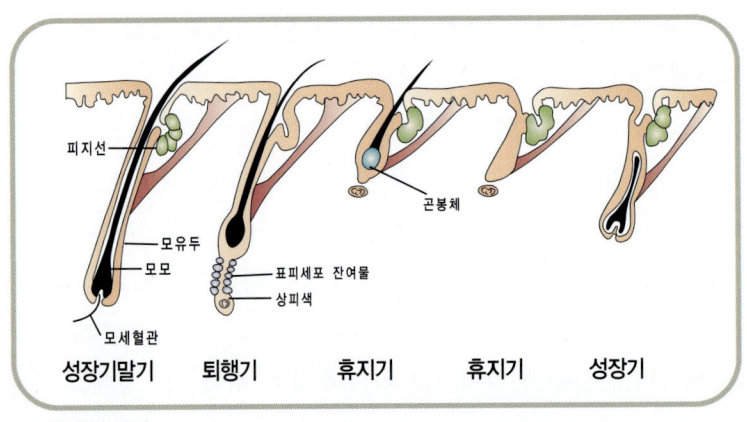

● 모발 성장 주기

(3) 휴지기

휴지기 동안에 모발은 최대 크기가 되며 모낭 안에서 곧게 선다. 이것은 피부표면 위에서 볼 수 있다. 모구는 활성도가 없어지고 모발은 떨어져 나간다. 이때 모구는 진피가 있는 위쪽으로 이동하며 새로운 모발을 만들기 시작한다. 이때 새로운 주기가 시작된다. 매우 얇고 연한 모발은 솜털, 즉 연모라 부른다. 이것은 머리, 이마 음부에서 볼 수 있는 크고 거친 모발로 덮인 부분을 제외한 나머지 부분에서 볼 수 있는데 뺨이 좋은 예가 된다.

❹ 모발의 종류

모발의 굵기에 따라 취모, 연모, 경모로 분류할 수 있다.

(1) 취모

태아 때부터 온몸에 나 있는 섬세하고 부드러운 엷은 색의 털로 생모(生毛) 또는 취모(毳毛)라고도 한다. 솜털이라고 생각하면 되며, 출생 무렵 탈락되고 연모로 대치된다.

(2) 연모

피부의 대부분을 덮고 있는 부드러운 털로 출생 직후 성장함에 따라 부위별로 성모(길고 굵은 털로 머리카락, 눈썹, 속눈썹, 수염, 겨드랑이를 구성하고 있는 털)로 바뀐다. 갈색을 띠고 있으며 모수질이 존재하지 않는다.

(3) 경모

굵기가 일반적으로 0.15~0.20mm 정도의 굵은 털로 모수질과 멜라닌색소를 지니고 있다. 두발, 수염, 음모 등이 속한다.

5 모발의 역할

(1) 모발과 피부는 개인의 전반적인 건강상태의 좋은 지표이다. 활기 없고 시들한 모발과 누렇고 힘없는 피부 색깔은 건강위험의 신호이다. 강하고 건강한 모발과 좋은 피부색은 건강이 좋다는 신호이다.
(2) 털은 노폐물을 배출하는 기능을 한다. 특히 몸 안에 수은 등 중금속이 들어온 경우 털에 의해서 중금속이 배출된다.
(3) 외부로부터 충격을 받았을 때 모발은 쿠션역할을 해줌으로써 뇌를 보호해주며 몸에서 나는 열의 발산을 억제 또는 증가시킨다.
(4) 장식적 기능 및 신분과 개성을 나타내는 상징적 기능도 가지고 있다.
(5) 모발은 여러 요소에 영향을 받는데, 예를 들어 따뜻한 기후에서는 모발이 빨리 자란다. 과도한 추위는 건강한 모발을 건조시키고 광택을 잃게 만든다.
(6) 모낭에서의 분비율은 피부의 건조나 기름짐에 따라 결정된다. 출생 후 획득되는 상태들, 즉 질병, 약제, 노화 등을 제외하고 개인의 모낭의 크기나 기능은 유전적으로 결정된다.

2. 호르몬과 모발

여성 고객늘은 자신이 전신에 상당히 많은 털을 가지고 있다고 생각하고 왁싱을 하러 오지만 문제가 된다거나 보기 싫다고 생각되지 않는 경우도 있으며 털이 "과다하게" 났다고 생각하는 자체가 고객의 주관적 판단인 경우가 대부분이다. 털이 많다는 것은 대체로 신체가 건강하다는 뜻이다. 간혹 여성 고객 중 수염이 나서 왁싱을 하러 오는 경우가 있는데 이때 상담을 해보아 당뇨병이 있다면 Archard-Thiers 증후군이라 불리는 여성이 수염이 나는 희귀한 장애를 의심해볼 수도 있다.

1 털과다증과 다모증

다모증은 두 가지로 구분된다. 예를 들어, 피부가 흰 여성이 입술 주변에 난 아주 연한 솜털을 마음에 들어 하지 않는다. 또 다른 여성의 경우는 피부는 희지만 성인 남성처럼 윗입술과 얼굴에 검은 털이 나 있다. 전자의 경우는 털과다증이고 후자의 경우는 다모증이다. 털과다증과 다모증은 종종 같은 문제로 분류하는데 차이를 구분하여 알아보면 다음과 같다.

(1) 털과다증(Hypertrichosis)

털과다증이라는 말은 "과다함"을 의미하는 그리스어의 Hyper와 "털"을 의미하는 Trichosis에서 나온 것으로 털이 지나치게 많다는 것을 의미한다. 그러므로 털의 과다는 개인의 나이, 성별, 인종, 문화에 있어서 주관적으로 비정상으로 신체에 털이 과다하게 난 것이다. 이 경우 성인남성에게서만 자라는 것은 아니다. 또한, 성의 구별이 있거나 남성 안드로겐에 의해서 자극받는 것도 아니다.

털과다증의 원인

- 일반적으로 유전이거나 특정 인종
- 어떤 의학적 처리에 대한 반응
- 의학적 처방, 특히 스테로이드에 대한 반응
- 자연적인 발생(사춘기, 임신, 폐경)
- 어떤 암치료의 결과

(2) 다모증(Hirsutism)

다모증은 혈액 내에 남성 호르몬 안드로겐이 과다하여 여성에게 난 털을 가리키는 말이다. 다모증은 다양한 요인에 의해 발생한다. 정상 임신 시 부신피질의 활성도 증가, 비타민 결핍, 어떤 질병, 특정 약제, 정서적 쇼크나 스트레스 등이 호르몬의 불균형을 일으켜 과도한 모발의 성장을 일으킨다. 폐경 또한 얼굴의 과도한 모발을 유발한다. 폐경기 여성의 윗입술에 털이 나는데 이를 "폐경 콧수염"이라 부른다. 하지만 이것은 다모증의 징후가 아닌 단지 폐경의 징후이다.

다모증의 원인

- 남성 호르몬 안드로겐의 자극
- 내분비계에 영향을 주는 약물, 남성 호르몬 안드로겐의 비율을 높임
- 내분비계의 질병과 장애

❷ 털이 자라는 질병, 장애, 증후군

(1) 말단 비대증(Acromegaly)
말단 비대증은 뇌하수체 전엽에서 나오는 성장 호르몬의 과다분비가 원인이 되며 주로 종양 때문이다. 아동기에 말단 비대증은 거인증의 원인이 된다. 만약 신체가 호르몬 생성이 증가되기 시작할 때, 이미 성숙해 있으면 그 결과는 손과 발, 얼굴이 커지는 것으로 나타난다. 시력과 청력 감퇴가 뒤따르고, 안드로겐 생성이 과다하면 다모증을 유발한다.

(2) 부신증식증
부신증식증이란 부신 남성화라고도 불리는데, 부신 피질이 제대로 기능을 하지 못하여 코르티졸 합성을 방해하고 안드로겐 과다생성을 일으킬 때 생긴다. 어린이들에게 있어서 밖으로 드러나는 증상은 성기가 조기 발달하며, 변성이 오고 털이 과다하게 자라는 것이다. 성인 여성에게서 부신증식증은 가슴의 크기가 작아지고 클리토리스가 커지고 다모증이 유발된다.

(3) Archard-Thiers Syndrome
Archard-Thiers 증상은 쿠싱 증후군과 부신증식증이 결합되어 생기는 드문 증상이다. 수염 난 여성의 당뇨병이라고도 불린다.

(4) 쿠싱 증후군
쿠싱 증후군은 부신피질 안드로겐이나 글루코코르디코이드 호르몬이 만성적으로 과다하여 발생하며 혈당수치를 높인다. 과다하면 이 호르몬들은 부신피질에 의한 과다분비로 인해 고혈당을 일으킨다. 쿠싱 증후군의 밖으로 드러나는 신호는 얼굴(보름달 얼굴)과 목과 몸통이 커지고, 어깨가 둥글게 되며, 복부는 약해지고 다모증이 생긴다. 팔다리는 영향을 받지 않는다. 여성들은 월경이 멈춘다. 피부는 쉽게 멍이 들고 잘 낫지 않으며 다모증이 있는 이 증상의 여성들은 치료하기가 힘들다.

(5) Stein-Leventhal 증후군
Stein-Leventhal 증후군은 현재는 흔히 다낭성 난소 증후군이라고 불린다. 이 증후군에서 다발성 난소가 과다한 안드로겐을 생성한다. 이 증후군의 내적인 징후는 월경이 불규칙해지거나 없어지고 낭포가 된다. 이 증후군의 외적 징후는 가슴이 작아지거나 때때로 비만이 있고 종종 얼굴, 목, 가슴, 허벅지에 다모증이 생긴다.

Chapter 4.
내분비기관

학습목적 모발 성장은 내분비계에 의해서 자극되는데, 내분비계란 왁싱 전문가들이 알아야 하는 인간의 해부학과 생리학의 중요한 면이다. 이 체계가 어떻게 작용하는지를 알면 모발 재생의 원인과 모발 성장의 이상, 왁싱 전문가가 시술을 할 수 있는 고객과 의사의 진단이 필요한 고객을 구분하는 데 도움이 될 것이다.

1. 내분비계

❶ 내분비계의 개요

(1) 모발의 성장은 내분비계에 의해서 자극되는데, 내분비계란 왁싱 전문가들이 알아야 하는 인간의 해부학과 생리학의 중요한 면이다. 이 체계가 어떻게 작용하는지를 알면 모발 재생의 원인과 모발 성장의 이상을 설명하는 데 도움이 된다.

(2) 내분비계의 가장 중요한 요소들에 관해서 이해하는 것은 그 요소들이 왁싱 전문가와 관계가 있기 때문이다. 모발 문제에 관해 고객에게 조언을 해줄 때 활용할 수 있다. 단, 의학적 진단이나 예측, 치료 처방은 의학 전문가에게 맡겨 고객이 내과 의사나 내분비계 의사로부터 검사를 받도록 권장해야 한다.

(3) 여성 호르몬은 여성의 삶에서 사춘기의 시작, 매월 주기의 월경 기간, 임신 기간, 에스트로겐 수준이 급격히 떨어지는 폐경기와 같은 여러 단계를 거치면서 변동이 많다. 테스토스테론은 대부분 사춘기를 시작으로 해서 높이 유지되다가 점점 감소하고 50세 이상의 남성에서는 매우 낮다.

(4) 내분비학 분야에 많은 발전이 이루어져 혈액 내의 호르몬 수치를 정교하게 알 수 있고 질병을 더 정확히 진단할 수 있는데, 그 중에서도 원치 않는 과다한 털 성장의 원인이 되는 질병과 장애를 이해하고 인식하는 데 도움이 된다.

❷ 내분비계의 역할

(1) 내분비계는 신체 내에 화학물질을 분비하는 분비샘이다. 이런 물질들은 성장과 성적 발육, 소화기계, 신진대사, 그리고 전반적인 건강상태에 영향을 미친다.
(2) 내분비계는 신체 기능의 균형을 유지하는 역할을 하여 내분비계의 일부라도 제대로 기능을 하지 못하면 다른 부분도 기능이 제대로 되지 않는다.

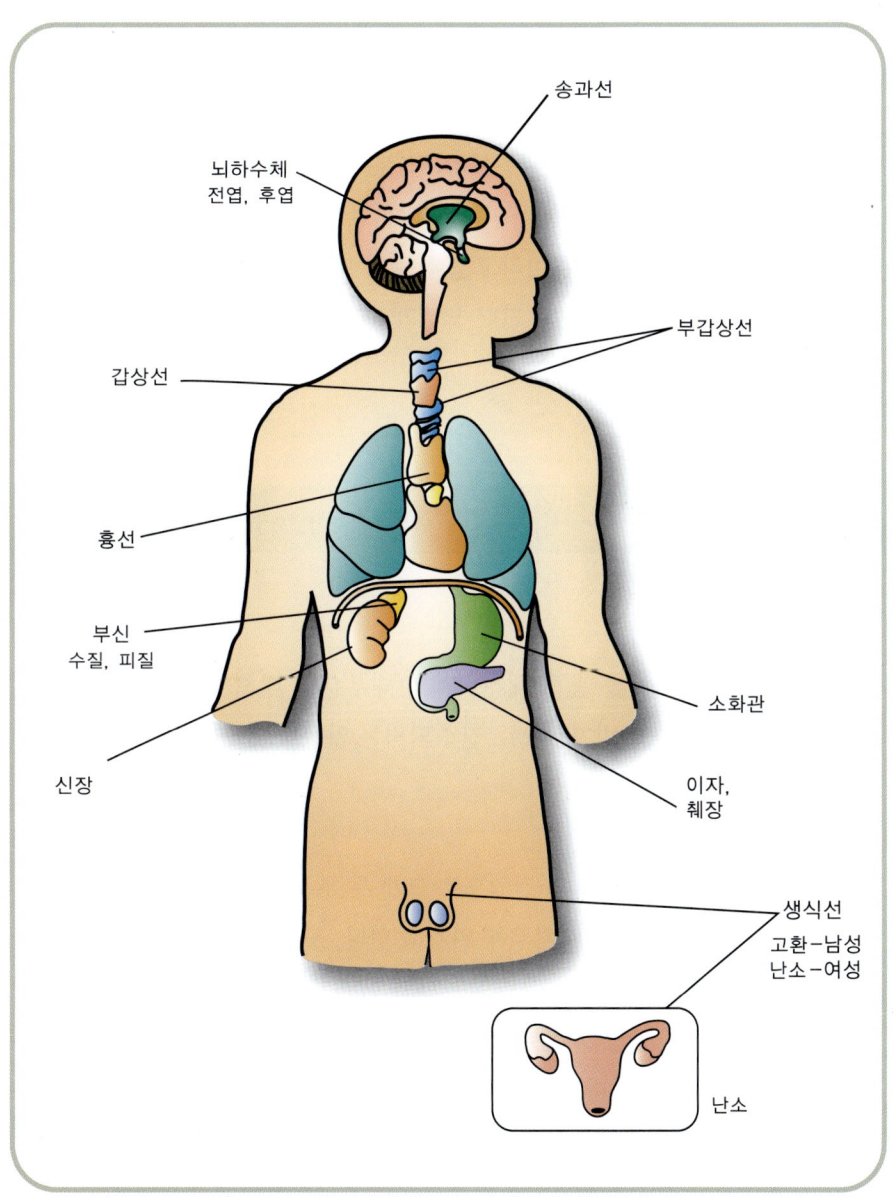

● 내분비기관

❸ 내분비계의 구분
인체에는 외분비선, 내분비선 두 가지 종류의 분비샘이 있다.

(1) 외분비선

외분비선은 소화기관에서 보듯이 인체에 물질을 분비하고 점액이나 효소를 생산하는 튜브 같은 관이거나, 피지선과 유선의 경우처럼 비효소 물질을 분비하기도 한다. 이 샘들은 땀샘과 간을 통해서 노폐물을 배출하기도 한다.

(2) 내분비선

내분비선은 보다 큰 장기의 일부이기도 하고 장기 그 자체가 되기도 한다. 이 샘들은 호르몬이라는 물질을 혈류 속에 직접 분비하기도 하고 표적 장기가 활동을 하도록 자극을 하거나 그 장기가 인체의 다른 부분으로 물질을 분비하게 하기도 한다. 호르몬은 화학 전달물질이라고도 하는데 다른 호르몬의 생성을 돕거나 방해하고 다른 호르몬의 생성을 멈추거나 느리게 한다.

2. 내분비계의 구성요소

❶ 시상하부
시상하부는 뇌하수체를 통해 내분비계의 대부분에 대해 최종적인 조절을 하는 것으로 생각되지만 내분비기관으로 간주되지는 않는다.

❷ 뇌하수체
(1) 신경하수체와 뇌하수체의 전엽으로 크게 두 부분으로 나뉜다.
　① 신경하수체 : 뇌의 기저부에 위치해 있다. 모두 15가지 이상의 호르몬을 생성한다.
　② 뇌하수체의 전엽 : 내분비계의 '우두머리 샘(Master gland)'으로 알려져 있지만 이 말은 다소 부정확한 면이 있는데, 이 샘은 시상하부의 호르몬에 의해 조절되기 때문이다. 사실, 이곳의 분비액이 어떤 장기의 활동을 조절하기는 하지만, 그것이 조절하는 다양한 선들에 의해 영향을 받는다. 뇌하

수체 전엽은 뇌하수체의 앞쪽에 있는 엽에 위치해 있으며 시상하부에서 나오는 문맥에 의해 공급된다. 뇌하수체 전엽은 적어도 다음의 7가지 호르몬을 생성한다.

㉠ 부신피질 자극 호르몬(ACTH) : 부신피질을 조절하고 글루코코티코이드와 성호르몬을 생성한다.

㉡ 갑상선 호르몬(TSH) : 갑상선을 조절한다.

㉢ 성장 호르몬(GH) : 골격 발달에 영향을 주며, 아동기에 과다하게 생성되면 거인증의 원인이 되며, 결핍되면 왜소증을 유발하고, 성인기에 과다하게 분비되면 말단 비대증을 유발한다.

㉣ 멜라닌세포자극호르몬(MSH) : 피부 표피의 재생층에 멜라닌 세포를 생성하게 하고 피부가 햇볕에 그을리고 주근깨가 생기게 된다. 이 호르몬의 생성은 부신피질호르몬에 의해 억제된다.

㉤ 생화학난포자극호르몬(FSH) : 여성의 난포에 영향을 주며 남성의 정액을 만드는 조직을 자극하는 성선자극호르몬이다.

㉥ 황체형성호르몬(LH) : 생화학난포자극호르몬(FSH)처럼 테스토스테론이 생성되는 남성의 고환 속의 세포간 조직과 배란을 자극하는 성선자극호르몬이다.

㉦ 젖샘자극호르몬(LTH) : 젖을 생성하는 유선을 자극하며 자궁에서 나오는 에스트로겐이 젖샘자극호르몬(LTH) 생성을 억제한다.

(2) 신경하수체나 뇌하수체엽은 옥시토신과 항이뇨호르몬 두 가지 호르몬을 생성한다.

① 옥시토신 : 출산시 자궁 근육이 수축되게 하고 수유기간 동안 젖꼭지에서 젖이 흘러나오게 한다.

② 항이뇨호르몬(ADH) : 바소프레신이라고도 불리며, 수분이 혈류로 재흡수되게 하여 소변의 농도를 진해지게 하는 항이뇨호르몬이다. 바소프레신이 부족하면 요붕증이 생긴다.

❸ 송과선

(1) 송과선은 멜라토닌을 분비하는데, 빛에 의해 생성이 억제되며 혈액 내의 농도가 밤에 최대치에 이른다.

(2) 멜라토닌은 바이오리듬을 조절하는 데 도움이 된다.
(3) 송과선은 생식선의 재생과 성숙에 도움을 주는 역할을 한다.

❹ 목

목에 있는 샘, 즉 갑상선과 부갑상선도 내분비계의 일부이다.

(1) 갑상선
① 갑상선은 기관과 후두의 어느 한 쪽에 있다. 갑상선은 아이오딘을 함유하는 호르몬들을 생성하는데, 그 중 가장 흔한 것이 티록신이다.
② 티록신은 심장박동, 혈압, 기초대사율(BMR)과 같은 많은 대사과정을 조절한다. 또한 수정 능력과 정신의 예민함에도 영향을 미친다.
③ 아이오딘이 결핍되고 호르몬 분비가 과다하면 이 선들이 부어오를 수 있어 갑상선종이라고 하는 상태를 유발한다. 이 선의 활동이 떨어지면, 즉 갑상선 저하가 있으면 기초대사율이 낮고 체중이 늘어날 뿐만 아니라 어린이에게서는 크레틴병, 성인들에게는 점액수종 상태의 원인이 된다.
④ 갑상선 항진증도 그레이브즈 병이라고 하는 상태를 유발하는데, 심장박동이 빨라지고 대사율이 높아지고 체중이 줄며, 땀을 많이 흘리고 눈알이 툭 튀어나오게 된다.

(2) 부갑상선
① 네 개의 작고 납작한 샘들로 되어 있는 부갑상선은 실제로는 갑상선의 뒤쪽과 옆쪽에 끼어 있다.
② 이 선들은 파라토르몬을 분비한다. 부갑상선 호르몬이라고도 하는 이 파라토르몬은 뼈, 장, 신장에 작용함으로써 혈액 내 칼슘의 양을 일정하게 유지하는 역할을 한다.

❺ 흉부

가슴 부위에 위치해 있는 흉선도 내분비계의 일부이다.

(1) 흉선
① 흉선은 흉골 뒤에 있다. 유아기에 가장 크고, 점점 신체 내에서 작아지다가 사춘기부터는 점차로 퇴화되어 지방조직의 림프세포로 대체된다. 이것은 신체가

급격히 자라고 면역이 발달하는 유아와 아동기의 조기 발육에 있어서 중요하다.
② 출생 전에 흉선이 림프세포의 주요 근원이며, 비장과 림프절이 형성되는 전세포에 해당한다.
③ 흉선에서는 프로민과 티모신이라는 두 호르몬이 분비된다.
　㉠ 프로민 : 전반적인 성장에 영향을 준다.
　㉡ 티모신 : T세포를 만들어내는 림프조직의 성장에 영향을 주며, T세포는 흉선을 떠난 후에도 흉선 호르몬에 의해 계속 자극을 받는다.

6 복부

호르몬을 생성하는 복부의 선들은 부신과 췌장으로 이루어진다.

(1) 부신

부신은 신장 위에 모자처럼, 각각 하나씩 있으며, 부신피질과 부신수질로 이루어져 있다.

① 부신피질 : 스테로이드라고 하는 50여 가지 부신피질호르몬을 생성한다.
　㉠ 코르티코스테로이드 : 부신피질에서 분비되는 스테로이드 호르몬의 총칭이다. 코르티코스테로이드가 과다분비되면 쿠싱 증후군이 생기는데, 종종 부신피질의 종기가 원인이 된다. 그 결과로 근육이 약해지고 얼굴이 푸석푸석해지며, 비만, 다모증, 진성 당뇨병을 일으킨다.
　㉡ 미네랄코르티코이드 : 세포액의 무기질과 염분 함량을 조절한다. 과다하면 부종이라고 하는 체액 정체의 원인이 된다.
　㉢ 글루코코르티코이드 : 대사와 혈당량에 영향을 준다. 스트레스에 반응하여 증가한다. 또한 부신피질 자극 호르몬(ACTH), 갑상선 호르몬(TSH), 멜라닌 세포자극 호르몬(MSH)의 뇌하수체 분비를 억제한다. 글루코코르티코이드와 미네랄코르티코이드 분비가 부족하면 애디슨병의 원인이 되는데, 근육이 약해지고 혈압이 낮아지며, 빈혈을 일으키고 얼굴, 목, 팔에 착색과다의 원인이 된다.
　㉣ 성 스테로이드 : 생식선(난소와 정소)에 의해 분비되는 성 호르몬을 약하게 보충한다.
② 부신수질 : 에피네프린과 노르에피네프린이라고 하는 두 가지 주요 물질을 분비하는데, 아드레날린이라고 알려져 있다. 에피네프린은 간에서의 글리코겐 분

해에 관여하고, 노르에피네프린은 혈관수축을 일으킨다.

(2) 췌장
① 췌장은 위의 뒤쪽에 있고 랑게르한스섬을 포함하고 있으며 인슐린과 글루카곤을 분비하는 내분비선이다.
② 혈당의 수치는 인체의 세포가 당을 글리코겐으로 저장하게 하는 인슐린에 의해 낮아진다.
③ 글루카곤은 인체 내 당의 수치를 올린다.
④ 인슐린과 글루카곤은 모두 인체가 혈액 내 당의 수준의 균형을 유지하는 데 도움이 된다.
⑤ 인슐린이 부족하면 진성 당뇨병의 원인이 된다.

❼ 사타구니 부위

남성의 정소와 여성의 난소라고도 불리는 사타구니 부분의 성기관은 성스테로이드를 분비한다. 남성은 안드로겐이라고 하는 성호르몬이고, 여성은 에스트로겐과 프로게스테론이라고 하는 호르몬이다. 여성은 남성보다 안드로겐을 훨씬 적게 생성하고 마찬가지로 남성은 여성 호르몬을 훨씬 적게 생성한다.

(1) 여성의 생식기
① 호르몬을 생성하는 여성의 생식기는 난자가 만들어지는 난소이다. 여성이 가지고 있는 모든 난자들은 출생 시에 난소 안에 있으며 사춘기와 폐경기 사이에 대략 28일을 주기로 한 번에 하나씩 배출된다. 난소는 여성의 성적 특징을 발달시키는 역할을 하는 호르몬을 생성한다.
② 황체도 호르몬을 분비한다. 이것은 호르몬을 분비하는 노란 세포를 만들어내는 난소의 비어있는 낭의 안쪽이다. 성선자극호르몬에 자극을 받아 분비가 되는데, 시상하부에 의해 분비가 되고 하수체 전엽은 생화학난포자극호르몬(FSH)과 황체형성호르몬(LH)을 분비한다. 생화학난포자극호르몬 자극 때문에 난포가 성숙하고 에스트라디올의 양을 점점 더 많이 분비한다. 평균주기로 13일째에 에스트라디올이 높아져 하수체 전엽으로부터 황체형성호르몬 분비가 증가하는데, 이것이 양의 피드백으로 알려져 있다. 14일째까지는 난포가 배란(난자를 배출)을 준비한다. 그 다음에 이어, 텅 비어 있는 난포가 황체형성호르몬의 영향을 받아 비어있던 난포가 황체가 되어 에스트라디올과 프로게스테론을 생

성하고 분비한다. 성숙한 난자가 있을지도 모르는 착상을 준비하고 수유를 위한 유선을 준비하기 위해 자궁 내벽 조직이 두꺼워지고 여성에게서는 월 주기의 후반부와 임신 기간 동안 가슴이 더 커지고 더 부드러워짐을 알 수 있다. 황체기라고 하는 황체 형성 기간 동안 프로게스테론과 에스트라디올이 분비되어 생화학난포자극호르몬과 황체형성호르몬은 음의 피드백으로 줄어든다.

③ 황체형성호르몬이 떨어지면 황체기가 끝나고 에스트라디올과 프로게스테론의 수치도 낮아진다. 이후 월경이 시작되고, 다시 새로운 주기가 시작된다.

④ 남성의 정액에 의해 난자가 수정이 되면 배반포 단계가 되면서 자궁내막에 착상된다. 배반포세포는 인간의 융모막 성 생식선자극호르몬을 분비한다. 자궁내막 조직으로부터 태반이 만들어지며, 태반에서는 융모막 몸젖샘 발육호르몬이 분비되는데, 프로락틴과 성장호르몬(GH)과 에스트라디올과 같은 역할을 한다. 태반에서 분비되는 에스트로겐의 수치가 높으면 아기가 태어난 후까지 프로락틴을 생성하는 젖의 작용을 억제한다.

⑤ 분만은 뇌하수체 후엽에서 나오는 옥시토신의 분비와 자궁에서 나오는 프로스타글란딘의 분비에 의해 야기되는 자극으로부터 자극을 받는다. 이것도 양의 피드백으로 서로에게 영향을 주는 것으로 생각되며 태아를 출산하는 데 필요한 방식으로 자궁근육이 수축하도록 한다. 분만 후 에스트로겐 수준이 낮아지면, 프로락틴이 모유 생성을 자극하고 아기의 젖꼭지를 빠는 반사가 옥시토신 분비를 자극하여 젖이 흘러나오게 된다.

(2) 남성의 생식기

① 남성의 생식기관은 호르몬 연구에 관해서는 덜 복잡한 편인데 호르몬이 난자를 수정시키는 정자를 만들어내는 데 관여한다. 여성에게서는 호르몬 활동이 수정과 성장, 발달, 태아 출산, 이어서 수유에 대응을 해야 한다.

② 안드로겐이라고 하는 남성 호르몬을 생성하는 성인 남성의 생식기의 일부는 정소와 간세포 조직이다. 남성의 2차 성징인 얼굴의 털이 자라고 목소리의 변성이 오는 것은 사춘기에 안드로겐의 자극에 의한 것이다. 안드로겐이 단백질 합성에 영향을 주어 뼈 성장과 근육 발달에 영향을 주고, 단백 동화 스테로이드라고 불리는 안드로겐이 된다. 신체 내에 표적 감각기를 찾아내는 것이 바로 이 혈액 내의 안드로겐이다. 왁싱 전문가가 가장 주목할 만한 표적 부위는 모발 피지 부위(즉, 모낭)이다.

waxing management
왁싱 매니지먼트

part 2

제모

Chapter 1.
제모의 역사

 제모의 역사는 문명의 시작과 함께 인간이 아름다워지고자 하는 욕구를 충족시키기 위한 미용분야의 한 방법으로 시작되었다. 각 시대의 사상과 트렌드가 변화함으로써 미용 산업에서 제모의 역사가 어떻게 변화되어 왔는지를 아는 것은 왁싱 전문가로서 좀 더 전문적인 지식을 갖추고, 또한 왁싱 미용 산업의 미래를 예측하고 준비하는 데 도움이 될 것이다.

1. 제모의 역사와 유래

제모는 문명 발달 과정의 한 부분을 이루어 왔다고 해도 과언이 아닐 정도로 그 역사가 오래되었다. 면도용으로 사용했던 갈아놓은 돌 등에 대한 고대문헌의 발견에 따르면 약 2만 년 전부터 시작된 것으로 추정된다.

(1) 고대 이집트
  ① 고대 이집트에서는 남녀 모두 몸에 난 털을 말끔하게 다듬었다. 몸의 털을 그대로 방치해 두는 사람들은 노예나 이방인뿐이었다.
  ② 장례를 지내면서 무덤에 함께 묻은 부장품들을 살펴보면 털을 없애기 위해 석회 가루와 풀 찌꺼기를 뒤섞은 화장용 혼합물을 만들어 썼음을 알 수 있는데 이런 조악한 화장품의 사용으로 인해 여성들의 평균 수명은 매우 짧았다.

(2) 고대 그리스와 로마 시대
  ① 제모는 고대 그리스와 로마 시대에도 널리 유행하였다. 그들은 피부에 난 잔털을 제거하기 위해 탈모제인 석황을 주로 사용하였다. 석황의 성분은 비소 화합물이기 때문에 피부를 상하게 할 위험성이 매우 컸지만, 매끄러운 살결을 위해 여인들은 그러한 위험을 감수하였다.

② 로마의 귀부인들은 온몸의 털은 물론 콧구멍 속의 털까지도 모조리 뽑았다. 로마의 상류층 여인들이 털을 제거했던 것으로 추정되는 첫 번째 물증은 기원전 500년경의 것으로 오비디우스(Ovidius, BC 43~AD 17, 고대 로마의 시인)는 자신의 저서 『사랑의 기교』에서 여성의 몸을 아름답게 연출하는 법을 기록하고 있는 당시의 문서가 있음을 확인하고 있다. 종아리 털을 깎는 것은 필수 사항이라고 하는 것 등이 그 내용이다. 그 보조용품으로 특히 다양한 크림들이 사용되었는데, 그 중에는 인체에 매우 치명적일 수 있는 것도 있었다. 역사학자 다니엘라 마이어는 당시의 제모를 '고문'으로까지 묘사하였는데 그렇게 고문도구로 등장하는 것 중에 바닷조개껍질이 있다. 조개의 입을 벌려 핀셋처럼 사용한 것인데 조그만 바닷조개를 잡아 조개의 입을 벌리고 털을 물게 한 다음 잡아 뽑는 방법이다.

③ 고대 그리스와 로마 시대에는 여자의 음모를 제거하는 것이 유행했는데 그 방법은 조금 달랐다. 두 시대 모두 불셀라(Volsella)라 불리는 특별한 집게를 사용해 털을 하나하나 뽑기도 했으나, 그리스 시대에는 털을 태우는 위험한 방법을 함께 사용하였고 로마 시대에는 제모 크림을 발라 제거하는 방법이 유행하였다. 그 외에도 송진을 사용한 왁싱의 방법도 함께 쓰였는데 특히 패션에 민감했던 로마의 어린 소녀들은 음모가 자라기 시작하자마자 제거했다.

④ 네로 황제의 두 번째 부인인 포페아 왕비의 가재도구 목록을 보면 매일 면도를 하는 데 역청, 송진, 염소 쓸개, 말린 뱀을 빻은 가루, 말린 담쟁이덩굴 등을 사용한 것을 확인할 수 있다.

(3) 이슬람 시대

① 비잔틴 문화는 그리스와 로마로부터 제모문화를 받아들였다. 이런 경로를 거쳐 소아시아 지방까지 세를 뻗치고 있던 이슬람 세계도 역시 체모 관리라는 유행을 접하게 되고 받아들인 것으로 짐작된다.

② 서기 9~10세기 이슬람 압바스 왕조 시대의 상류 사회 여인들도 얼굴의 털이나 체모를 족집게로 전부 뽑고 온몸에 아르메니아 산 황토를 발라서 문대는 풍습이 있었다. 황토를 바르는 것은 족집게로 뽑히지 않은 잔털을 정리하는 방법으로 사용된 것으로, 마른 진흙을 떼어낼 때 잔털이 함께 뽑히도록 한 것이었다.

(4) 중세와 르네상스 시대

① 중세와 르네상스 시대의 부인들은 고귀함의 상징이었던 넓은 이마를 만들기 위

해 두개골 상부의 머리카락을 뽑았다. 이렇게 벗겨진 머리 위에 모발이 다시는 자라지 못하도록 박쥐나 개구리의 피, 유독한 당근 즙, 양배추를 태운 재를 식초에 담근 것 등과 같은 이물질들을 발랐다.

② 유럽의 중세 시대에는 여성의 몸에서 모든 털을 제거하는 것이 일반적이었고 머리카락, 눈썹과 속눈썹 또한 포함되었다. 이것은 그 당시에 유행하던 사치스런 가발과 화장을 돋보이게 하기 위해서였다.

③ 식민지 시대에는 남성과 여성들도 털이 자라는 모든 부위를 면도하였으며 이러한 풍습은 턱수염의 유행이 다시 시작되었던 빅토리아 시대까지 계속되었다.

④ 유럽의 전 궁정에는 이슬람 귀족 부인들이 온몸의 털을 완전히 그것도 고통 없이 안전하게 없애는 비법을 알고 있다는 사실이 널리 퍼져 있었다. 그녀들은 손수 준비한 밀랍을 이용해 털을 제거했고, 남은 털은 이중 견사를 이용해 완벽히 정리하였다.

⑤ 중동에서는 여성들이 결혼할 때까지 털을 제거하지 않다가 결혼 후 머리털을 제외한 몸의 모든 털을 족집게로 뽑는 것으로 신랑에 대한 존경의 의미를 나타내기도 했다.

(5) 16~18세기

① 16세기 파리에서 수차례 재판된 알렉시스 르 피에몽테의 저서에는 고귀한 부인들이 딸들의 겨드랑이 털이나 그 외의 털들을 없애기 위해 쓰는 비법이 설명되어 있는데, 프랑스에서는 쓴 아몬드와 비둘기, 알프스 남부 나르본 산 벌꿀 그리고 여덟 개의 신선한 달걀노른자를 섞어 반죽한 것을 사용했다고 한다.

② 18세기 초 터키에서는, 처녀들은 태어난 대로 온몸의 털을 그대로 두고 있는데 비해, 결혼한 여인들은 온몸의 털을 모두 없애 아주 부드러운 피부를 가지고 있었다. 거기에는 희생과 인내가 필요했다. 첫날밤을 앞둔 처녀들은 목욕탕에 친구들을 초대해 파티를 열었다. 이때 그 예비 신부는 처음으로 자기 몸에 난 털을 전부 뽑게 되는데 결혼한 후에는 이 일을 계속해야만 했다.

③ 여인들의 이와 같은 털 제거 노력은 주지하다시피 '야성(野性)인, 털을 없앰으로써 부드러운 여성적 아름다움'을 과시하려 했던 것이다.

④ 18세기에 이르기까지 여성들은 이마 위로 약간 내려온 머리카락들도 고양이의 오줌을 섞은 식초에 담근 머리띠를 매어 매끈하게 제거하였다. 1771년 출판된 『화장과 유행학 개론』에서는 썩은 참치의 간과 쥐며느리를 빻은 가루도 같은

효과를 지닌 것으로 소개하고 있고 그외 약학자들의 저서에는 파슬리와 아카시아 즙, 송악의 진, 개미의 알, 비소(砒素) 알약 같은 여러 가지 탈모제 제조법을 소개하고 있다.

⑤ 1875년 안과 의사인 찰스 미첼(Charles. E. Michel)이 전기분해요법을 발견하였다. 그는 피부 속으로 자라는 속눈썹을 치료하기 위하여 이 방법을 사용하였으며, 오래지 않아 미용계에서 이 과학 기술을 높이 평가하고 기술의 완성도를 높여 몸의 털을 제거하였고, 특히 얼굴털 제거에 사용되었다.

(6) 19세기

① 1901년 킹 캠프 질렛(King Camp Gillette)이 첫 일회용 면도기 특허를 받았다. 이 면도기는 첫 쌍날 면도기로써 각각의 날을 사용하는 것이 아니고 판에 박혀 있는 면도날이었다. 1935년에는 물에 젖지 않는 첫 전기면도기가 소개되었다.

② 안전 면도기의 발명은 19세기를 지배하고 있던 칙칙한 사회 분위기를 일소하는 데 큰 역할을 하였으며, 말끔한 턱은 남자들을 10년 이상 젊게 보이도록 만들었기 때문에 면도는 하나의 관행으로 정착되었다.

③ 이후 제 1, 2차 세계 대전 말에는 남자들이 가정에서 면도를 하기에 이르렀고, 제 2차 세계 대전 무렵에는 날마다 면도를 하게 되었다. 또한 냉전시대 이후에는 안전 면도기의 지속적인 개량과 대대적인 광고로 인해 남성의 면도는 완전히 일상화되었다.

(7) 20세기

① 20세기 초반, 질렛(Gillette)은 하퍼스 바자(Harper's Bazaar)잡지에 겨드랑이 털이 있는 여성은 여자답지 않다는 마케팅 캠페인을 선포하였다. 그래서 겨드랑이 털을 면도하는 전통이 생겨났고 이러한 관행은 지금까지 이어지고 있다.

② 레이저를 이용한 모발제거 방법은 한 레이저 연구학자에 의해 1922년 우연히 발견된 이래 1995년도에 FDA에서 정식으로 승인받았다. 이 시술법은 레이저 빛을 당기는 검은색 탄소 용액을 피부에 도포하여 레이저로 모낭을 파괴함으로써 행해지는 방법이다.

2. 실면도의 역사와 발전과정

(1) 실면도는 중동 국가들, 즉 이란, 터키, 인도, 파키스탄 등지에서 수세기 동안 사용된 제모 기술이다. 아라비아에서 실 제모의 기술이 보편적으로 사용되었고 실면도는 오랫동안 어머니에게서 딸에게 전해 내려온, 비용이 거의 들지 않는 제모 방법으로 이용되었다.
(2) 미국, 인도와 아랍 지역뿐만 아니라 우리나라에서도 얼굴의 잔털을 제거하거나 이마를 넓히는 제모의 한 가지 방법으로 행해졌으며 지금까지도 일부에서는 행해지고 있다.

3. 슈거링의 역사와 발전과정

(1) 슈거링은 고대 이집트 시대부터 사용되었으며, 중동, 북부 아프리카, 지중해 연안에서 몇 백 년 동안 사용된 제모 방법이기도 하다. 슈거링은 고대에, 설탕 페이스트를 만들 때, 상처를 치료하거나 화상에 붕대를 감을 때 감염을 예방하고 치료에 도움을 받기 위해 사용하다가 우연히 발견된 것으로 생각된다. 페이스트를 제거하면서 털도 역시 제거되면서 피부에 통증은 거의 없었다.
(2) 고대 이집트인들은 체모를 마음에 들지 않고 청결하지 않다고 생각해서 족집게와 면도기 같은 다양한 도구를 사용하여 털을 제거하였다. 슈거링은 더 신속하며, 통증은 덜하고, 피부에서 떨어지면서 피부에 그루터기를 남기지 않고 피부를 더 부드럽게 하는 효과적인 방법이다. 다시 자라는 털은 더 부드럽고 더 미세하여 슈거링이 그 지역에서 오래도록 선호되는 제모방법이라는 것을 이해할 만하다.
(3) 슈거링은 미국에서 고대에 사용하였다는 점과 천연이라는 점이 장점으로 부각되면서 지금도 인기를 얻고 있다. 고객들은 고대의 방법이라는 생각과 설탕이 100% 천연이라는 것을 좋아한다. 슈거링은 여러 개의 털을 잡아서 모근에서 제거한다는 점에서 왁싱과 아주 유사하다.
(4) 슈거링 기술은 그 지역들에서 기본적으로 변화가 없지만 그 기술이 미국으로 전파

되면서 급격히 발전하기 시작했다. 이제는 왁싱과 마찬가지로 두 가지 다른 유형의 슈거링이 있는데 스트립 제모방법과 비스트립 방법이다. 이 두 방법은 피부와 털에 다른 효과를 내기 때문에 그 둘 사이의 차이점을 아는 것이 중요하다.

 간단한 슈거 페이스트 레시피

〈성분〉
설탕 2컵, 레몬 즙 1/4컵, 물 1/4컵

모든 성분을 합하여 저온에서 서서히 만든다. 혼합물을 250℉ 이상 가열하지 않는다. 온도를 정확히 읽기 위해서 캔디 온도계를 사용한다. 혼합물을 유리 항아리에서 식힌다. 손이나 주걱으로 바를 때는 체온 온도에서 사용한다.

Chapter 2.
제모의 다양한 방법

학습목적 왁싱 미용분야의 효과적인 발전을 위해 왁싱 전문가들은 고객들이 가정에서 사용하는 관리방법과 이러한 방법들이 피부와 모발에 어떠한 영향을 미치는지에 대해서 잘 알고 있어야 한다. 이런 방법들의 장점과 단점, 효과들을 이해함으로써 고객들이 가정에서 사용하는 제모 방법에 대해 겪을 수도 있는 어려움에 대하여 설명해주고 고객들의 요구에 더 잘 맞는 왁싱 시술프로그램을 선택하도록 안내해 줄 수 있을 것이다.

모발제거의 방식은 일시적인 것과 영구적인 것으로 크게 나누어 볼 수 있으며, 또 다른 제모 방법으로는 위장제모가 있다. 일시적인 제모는 모발성장을 위한 반복적 관리를 포함한다. 영구적 제모는 유두를 파괴시켜 모발의 재성장이 불가능하게 한다.

1. 일시적 제모

❶ 면도

남자들은 매일 면도를 함으로써 깔끔한 외모를 유지할 수가 있다. 여성들 또한 겨드랑이, 다리, 서혜부를 면도한다. 어떤 방법의 면도를 하든지 간에 그것은 모발이 피부의 표면에서만 제거되는 것이다.

(1) 면도의 장점
  ① 시간이 적게 걸린다.
  ② 통증이 없다.
  ③ 비용이 저렴하다.
  ④ 편리하다.

(2) 면도의 단점
  ① 1일에서 4일이 지나면 모발이 다시 자라는데 더 거칠고 뾰족뾰족하게 자란다.

② 성가신 끝부분 털을 면도할 때, 미세한 솜털이 제거될 수도 있어 더 큰 문제를 일으킬 가능성이 있다.
③ 모발이 피부로 파고들 수도 있다.
④ 면도날이 무디면 피부를 베일 수도 있다.

(3) 면도 시 주의사항
① 면도를 하다보면 털의 뭉툭한 가장자리가 작은 모낭을 뚫고 들어가 부어오를 수도 있고, 거기에서 주로 미세한 털의 끝부분이 자란다. 남성들에게 간혹 나타나는 일반적인 문제들은 털이 난 방향과 면도의 방향이 엇갈려 나타나는 수염 모낭염이다. 종종 면도한 털 조각이 다시 모낭 안에 떨어지면서 피부발진이 생길 수도 있다.
② 당뇨병이 있거나 혈전제를 복용하는 사람들은 전기 면도기 면도를 제외하고 면도를 해서는 안 된다.

❷ 털뽑기(트위징)

모근 뿌리에서 한 번에 하나씩 모발을 제거하는 것이다. 눈썹과 같은 경우 털뽑기를 이용해 모발을 제거한다. 제모 후 세부적으로 정리하기 위해 사용하기도 한다.

(1) 털뽑기(트위징)의 장점
① 품질 좋은 족집게 비용 외 다른 비용이 들지 않는다.

(2) 털뽑기(트위징)의 단점
① 통증이 있다.
② 시력이 나쁘면 제대로 보기도 어렵고 뽑지 말아야 할 모발을 뽑을 수도 있다.
③ 자세히 보기 위해 안경을 끼면 눈썹에 닿기가 어렵다.
④ 무성하게 난 부분은 시간이 많이 걸린다.
⑤ 피부 아래 부분의 모발까지 파괴될 수 있고, 모발의 뭉툭한 가장자리가 작은 모낭을 뚫고 들어가 부어오를 수도 있다.

(3) 털뽑기(트위징)의 주의사항
털뽑기를 이용하여 모발을 제거하고자 할 때, 기구를 모발의 뿌리 근처에 대고 약간의 각도를 주면서 보통 모발이 난 방향으로 모발을 잡고 뽑는다. 이러한 세밀한 작업을 할 때에는 확대 램프를 사용하는 것이 좋다.

❸ 실면도

실면도는 "Banding"이라고도 하는데, 전문가가 손가락으로 면사를 가지고 고리를 만들고 꼬아서 제모하는 방법이다. 신속하게 피부에 상처를 남기지 않고 대량으로 뽑아내는 방법이다. 피부 관리 처방을 받고 있거나 왁싱을 금지하는 약품, 화장품을 사용하는 사람들은 고려할 만한 제모 방법이다.

(1) 실면도의 장점
  ① 가정용으로 사용하는 질긴 면실만 있으면 되고, 사전 살균처리와 사후 진정만 해주면 되므로 비용이 저렴하다.
  ② 숙련된 사람이 하면 신속히(트위징보다 더 빠르다) 할 수 있고 이윤도 많다.

(2) 실면도의 단점
  ① 신체의 넓은 부위에 하기에는 비효율적이다.
  ② 왁싱보다는 느리지만 트위징보다 빠르게 피부에서 털을 잡아채기 때문에 불편감이 있다.
  ③ 주의를 기울여 정확하게 하지 않으면 시술자가 알지 못하는 사이에 솜털을 제거할 수가 있는데, 그것이 문제가 되지는 않지만 그렇게 하다보면 솜털이 다시 불규칙하게 자라거나 발모 상황을 더 악화시킬 수도 있다.
  ④ 털이 다시 자랄 때, 착색 문제를 일으킬 수 있는 모낭염, 농포, 감염이 증가할 수도 있다.

(3) 실면도의 금기사항
  ① 손상된 피부, 염증 피부
  ② 심한 습진과 건선
  ③ 심한 포진 장애
  ④ 햇볕 화상을 입은 피부

❹ 제모 크림

몇몇의 화학적 제모 크림은 모발을 용해시키는 물질을 함유하고 있다. 화학적 제모 크림을 다리와 같은 피부표면에 두껍게 도포한다.

(1) 제모 크림의 장점

① 면도만큼 저렴하지는 않지만 비교적 비용이 적게 든다.
② 가정에서 혼자서 편안하게 사용할 수 있다.
③ 털이 다시 자라면 면도 후의 털보다 더 부드럽다.

(2) 제모 크림의 단점
① 왁스 사용보다 효과가 오래 지속되지 않는다.
② 처음에는 그렇지 않더라도 사용 중에 역겨운 냄새가 날 수 있다.
③ 제모 크림을 씻어낼 때 피부의 자연 보호막이 손상되어 접촉 피부염 같은 피부 반응이 일어날 수 있다.
④ 발진이 있거나, 손상되었거나, 농포나 감염의 징후가 있는 피부에는 사용해서는 안 된다.

(3) 제모 크림 사용 시 주의사항
① 제모 크림을 처음 사용 시 알레르기 반응이나 민감성 반응이 일어나지 않는지 첩포실험을 한 후에 사용해야 한다.
② 팔 안쪽에 사용해 보아서 10분 안에 어떠한 반응도 나타나지 않는다면(부종, 가려움, 발적 등) 제모 크림을 사용해도 된다. 제모 크림은 매우 민감한 부위인 입술 주변 등에는 사용하지 않는 것이 좋다.

5 왁싱

제모를 위한 왁싱에는 두 종류가 있다. 하나는 하드 왁싱으로써 비스트립 방법으로 알려져 있다. 또 하나의 왁싱 방법으로는 핫 왁스, 또는 스트립 방식이다. 여기에는 꿀 감촉의 왁스와 크림 왁스가 있다. 이러한 왁스 외에도 콜드 왁스와 슈거 왁스와 같은 것도 다양하게 있고 진정제가 첨가된 것들이 많다.

(1) 왁스의 성분
① 순수한 왁스는 성분을 어디에서 추출했는지에 따라서 분류할 수 있다. 동물성, 광물성, 식물성, 합성으로 나누며 모든 왁스는 물에 녹지 않고 오일과 벤젠, 4염화탄소, 에테르와 같은 그 외 유기용제에 녹지만, 알코올에는 녹지 않는다.
② 왁스제는 여러 물질에서 제조되는데, 예를 들어 송진, 파인애플 나무에서 추출한 로진, 아몬드오일, 파라핀 등 여러 물질이 쓰인다. 또한 여러 피부유형에 따라 그에 맞는 부가적인 물질을 포함하기도 한다. 아줄렌이나 카모마일과 같은

왁스제는 매우 민감한 피부에 사용한다. 티트리 오일을 사용하면 진정과 살균 효과를 얻을 수 있다.

(2) 하드 왁스와 소프트 왁스
　① 하드 왁스
　　㉠ 부드러운 액체용 스트립 왁스가 나오기 전에는 하드 왁스가 살롱에서 가장 흔하게 사용하는 제모 방법이었다. 하드 왁스는 이런 문제 때문에 민감하고 연약한 피부에 사용하며, 하드 왁스가 굳으면서 피부를 부어오르게 하기 때문에 털을 붙잡고 있는 동안에는 피부에 손을 대지 않는다.
　　㉡ 하드 왁스는 로진을 함유하고 있지 않기 때문에 피부에 붙지 않고, 스트립 왁스보다 자극이 적으며, 피부가 얇고 예민한 얼굴 부위와 겨드랑이, 비키니 라인에 사용하는데, 하드 왁스의 종류에 따라 사용되는 부위도 다르고 쓰는 방법도 다르기 때문에 사용법을 충분히 숙지한 후 사용해야 한다.
　　㉢ 처음에 털이 자라는 방향과 반대방향으로 왁스를 바르면 왁스가 따뜻해진 동안에 털의 기저부에 먼저 닿는다. 그 다음 왁스가 식으면서 수축하기 시작한다. 왁스를 털의 위쪽에 다시 바르면 털 기둥을 완전히 덮게 된다. 털 기둥을 완전히 덮는다는 것은 거친 털까지도 단단히 붙잡는다는 의미이다. 왁스를 털이 자라는 반대로 제거하지만 하드 왁스는 털이 자라는 방향으로 제거할 수도 있는데(하드 왁스의 종류에 따라 달라질 수 있다), 특히 미세한 털에 사용할 때 모낭을 비틀지 않고 제거한다.
　　㉣ 하드 왁스의 단점은 방법 그 자체일 것이다. 하드 왁스로 왁싱을 하면 시술이 느리고 힘들며, 특히 초보 기술자는 소프트 왁스보다 상당히 오래 걸린다. 특히 다리나 등 같은 넓은 부위에 권장하는 방법이 아니다.
　　㉤ 왁스는 처음 바를 때 광택이 나며 젖어 있고 끈적끈적하나 차츰 광택이 줄어들며 불투명해지고, 만질 때 손자국이 나면 떼어낼 준비가 된 것이다. 왁스를 오랫동안 두면 딱딱해진다. 딱딱해진 왁스는 깨지면서 제거하기 힘들고 모가 끊어질 수 있다.

　② 스트립 왁스
　　㉠ 소프트 왁스는 꿀 농도로써 하드 왁스보다 빠르게 시술할 수 있어 길고 얇은 털을 제거하기가 용이하며, 특히 넓은 면적, 예를 들어 다리나 팔 등에 이 왁스를 사용하면 시간 단축 효과를 확실히 볼 수 있다. 소프트 왁스는 모

발이 난 방향으로 얇은 띠를 붙이고 바로 떼어내는 것이다. 시술자에게는 시간이 가장 중요하기 때문에 스트립으로 하는 부드러운 왁스가 넓은 신체 부위에는 더 실용적이다. 왁싱 시간이 짧다는 것은 고객에게 불편감을 최소로 줄일 수 있다는 의미이다.

ⓒ 왁스의 온도가 높기 때문에 모공을 열어주기가 용이하여 털이 더 잘 빠지게 해준다. 그러나 왁스를 너무 가열하면 피부자극의 위험이 있다.

ⓒ 소프트 왁스의 단점은 자극의 단계 정도이다. 소프트 왁스에는 로진(왁스에 있는 끈적임)이 있어 피부에 접착시켜 떼어내는 경우 각질(죽은 표피 조직)도 같이 없어지는데, 간혹 시술 후 모의 제거가 덜 되었더라도 재 시술을 하면 안 된다. 뜨거운 왁스로 1차 시술을 받았기 때문에 피부가 이미 예민해져 있고, 1차적인 각질 제거가 있었기 때문에 2차의 재 시술은 피부에 화상을 입히거나 피부가 벗겨질 수 있다.

(3) 왁싱의 효과

① 모의 제거와 동시에 각질 제거가 되어 피부가 매끄러워진다.
② 모근의 제거로 인하여 다음 모의 성장이 느려지며 모가 가늘고 수가 감소한다.
③ 넓은 부위의 모를 빠른 시간 안에 제거할 수 있다.
④ 전기 요법으로 제거가 불가능한 솜털까지 깨끗하게 제거한다.

2. 영구적 제모

(1) 영구 모발 제거는 전기분해, 레이저, 사진광을 사용하는 제모시스템을 말한다.
(2) 레이저와 사진광은 일반적으로 의학적인 분야에서 사용되는데, 이러한 방법이 때때로 영구적이라 불리지만 모구가 완전히 제거되지 않으면 모발이 다시 자랄 수 있다. 또한 장기적이지만(최소한 1년) 털의 진피유두를 파괴하거나 부상이 동반된다.
(3) 개개인에 따라 모낭의 밀도 변화가 다르기 때문에 첫 번째 시술이 완벽히 이루어졌다 하더라도 완벽한 제모를 위해서는 5회에서 10회 정도의 시술을 필요로 하며, 레이저에 의한 제모는 근본적으로 성장기에 있는 털만 제거가 가능하다.

waxing
management
왁싱 매니지먼트

part 3

왁싱 실무

Chapter 1.
왁싱 전문관리사로서의 자세

학습목적 왁싱 전문가로서 준수해야 할 사항들을 지킴으로써 건강하고 즐거운 미용인의 삶을 영위할 수 있으며 왁싱 전문가 자신과 고객들, 또한 다른 사람들에게 자신의 가치를 높일 수 있다.

1. 왁싱 전문관리사의 자격

왁싱 전문관리사는 위생, 소독, 피부, 모발 등에 관한 이론적 지식을 습득하고, 고객에게 맞는 왁싱 기술과 제품 사용방법에 대한 전문 교육을 받은 자로서 왁싱 전문관리사의 직업에 관한 확실한 이해와 자긍심을 가지고 올바른 왁싱 전문관리 수행 능력과 업무를 성실히 행할 수 있는 자를 말한다.

2. 고객에 대한 직업적 윤리

(1) 시간을 잘 지킨다.
(2) 왁싱 서비스를 하기 위한 준비를 완벽하게 한다.
(3) 위생과 안전 규정을 준수한다.
(4) 고객이 서비스 받을 내용과 스케줄에 관하여 친절히 설명한다.
(5) 예의를 바르게 하고 공손하게 대한다.
(6) 모든 고객에게 공평하게 대한다.
(7) 왁싱에 관한 이론과 실무에 대한 지식을 습득한다.
(8) 고객의 마음 상태를 잘 이해하고 분위기, 성격, 관심사에 맞는 대화를 이끌어 가도

록 노력하여 고객이 편하고 즐거운 마음으로 왁싱 서비스를 받도록 한다. – 왁싱 서비스를 받는 고객은 정신적으로 긴장을 많이 하기 때문에 왁싱 전문가로서의 대화 기술은 아주 중요한 요소를 차지한다.

대화시 주의할 사항
- 좋은 경청자가 된다.
- 인신공격을 하지 않는다.
- 즐겁게 대화한다.
- 타인의 결점을 말하지 않는다.
- 고용주와 동료의 약점을 말하지 않는다.
- 대화를 독점하지 않는다.
- 고객과 입씨름이나 불평을 하지 않는다.
- 좋은 단어를 사용한다.
- 본인의 개인적 문제를 말하지 않는다.

3. 왁싱 전문관리사의 개인적 위생

(1) 매일 샤워나 목욕을 하여 몸을 깨끗하게 유지한다.
(2) 건강관리를 규칙적으로 받는다.
(3) 상쾌한 숨을 쉬고 건강한 치아를 가진다.
(4) 매일 깨끗한 속옷과 의복을 착용한다.
(5) 고객관리 전이나 후에는 반드시 손을 씻는다.

왁싱 전문관리사의 용모
- 왁싱 서비스를 하기에 적절하고 깨끗한 옷을 입는다.
- 머리는 단정하게 손질한다.
- 요란하지 않은 자연스러운 화장을 한다.
- 손과 손톱은 깨끗하고 단정하게 유지한다.
- 신발과 양말은 깨끗하고 단정하게 신으며 걸을 때 소리가 나지 않게 하고 편안한 신발을 신는다.

● 왁싱 전문가

Chapter 2.
왁싱 관리실의 위생과 소독

학습목적 고객들은 깨끗한 환경에서 왁싱 시술을 받기를 원할 것이다. 감염과 질병에 대한 관리는 매우 중요한 부분이다. 고객들은 왁싱 전문가에게 자신의 안전에 대하여 의존할 수밖에 없다. 그러므로 감염과 전파를 예방하기 위한 위생 소독방법에 관하여 알고 실천하는 것은 중요한 일이다. 왁싱 전문가라면 이 점에 대해 중대한 책임뿐만 아니라 그 중요성을 인정해야 한다. 사소한 부주의가 상해나 심각한 질병을 유발시킬 수 있다.

1. 위생

위생(Sanitaion) 처리라 함은 무균 상태를 말하는 것이 아니라 어떤 물건을 깨끗이 해서 균들이 성장함을 방지하는 것을 말한다. 왁싱 서비스 전후로 손을 깨끗하게 씻는 것은 매우 중요하다. 올바른 손 씻기는 박테리아와 병균 감염이 전염되는 것을 방어하는 첫 번째 방법으로 피부 표면의 유해세균을 99% 이상 제거해준다.

2. 소독 및 살균

(1) 소독(Disinfection)

감염을 일으킬 수 있는 미생물(병원체)만을 주로 사멸 또는 제거시키는 것을 말하며, 단단한 표면에 존재하는 대부분의 미생물을 사멸시키는 과정으로써 소독은 미생물을 제거하기 위한 가장 흔한 방법 중의 하나이다.

(2) 살균(Sterilization)

강한 물리적·화학적 작용으로 병원체(Pathogen), 비병원체(Nonpathogen), 아포(포자) 등 모든 미생물을 모두 사멸시키거나 제거하는 것을 말한다.

3. 소독의 5요소

(1) 감염을 없애야 한다.
(2) 증식 가능한 상태의 미생물을 억제하는 것뿐만 아니라 사멸시켜야 한다.
(3) 아포를 사멸시킬 필요는 없다.
(4) 보통의 화학제를 이용하지만 물리적인 방법도 사용한다.
(5) 인체나 동물이 아닌 무생물체에만 사용된다.

4. 소독방법

❶ 자연소독법

(1) 희석(Dilution)
　　독성물질이 대기나 물 속에 존재하는 경우 다량의 공기나 물에 의해 희석되어 독성효과가 감소하는데, 희석 자체에 의한 살균효과는 없으나 감염원을 희석하여 주는 행위만으로 소독을 실시한 것처럼 세균수를 감소시킬 수 있다.

(2) 태양광선(Sunlight)
　　태양광선의 살균작용은 가시광선 · 적외선 및 대기 등의 공동작용, 즉 산화에 의하여 좌우된다. 자외선은 강한 살균작용과 수분을 제거하는 건조작용에 의하여 소독효과를 나타내므로, 이불 · 수건 등은 햇볕에 말리는 것 자체로 소독할 수 있다.

❷ 물리적 소독법

(1) 열(Heating)에 의한 멸균
　① 건열멸균법(Dry heating sterilization) : 건열에 의해 미생물을 산화 또는 탄화시켜서 멸균하는 방법을 말하며, 고온에서 안정한 내열성 물질을 멸균하는 데 효과적인 방법이다.
　　㉠ 건열을 이용한 멸균은 미생물뿐만 아니라 그들이 오염시키는 물질들을 산

화시키는 효과가 있다.
ⓒ 사용기구는 주로 전기건열멸균기(Dry oven)를 사용한다.
ⓒ 건열은 내부로 잘 침투되지 않기 때문에 건열멸균은 습열멸균보다 더 긴 시간과 높은 온도가 필요하다.
ⓐ 140℃에서 4시간, 160~180℃에서는 1~2시간 정도의 시간이 필요하지만, 건열멸균할 재료, 양에 따라 온도와 시간을 적당히 변화시킨다.

② 습열멸균법(Wet sterilization) : 끓는 물이나 증기를 이용하여 멸균하는 방법으로 열의 전도가 빠르고, 열이 골고루 전달되며 수분으로 인하여 미생물의 단백질 응고가 촉진되어 멸균효과가 크다.

③ 자비소독법(Boilong water) : 끓인 물에 소독하는 방법으로 약 100℃의 끓는 물 속에 20분 이상 피소독물을 직접 담구어서 끓이는 방법을 말한다.
㉠ 자비소독으로 멸균을 기대할 수 없으나, 영양세포는 수 초에서 수 분 내에 사멸된다.
ⓒ 끓는 물 속에 중조(탄산나트륨) 1~2%, 붕소 1~2%, 석탄사(페놀) 또는 크레졸비누액 2~5%를 첨가해주면 세척작용을 하면서 소독력을 높이고, 금속기구가 녹스는 것을 방지할 수 있다.

❸ 화학적 소독법

소독력을 가지고 있는 약제를 사용하여 세균을 죽이는 방법으로 기체, 즉 가스(Gas)를 사용할 경우와 액체나 고체의 약제를 사용할 경우가 있다. 화학적 소독법은 아포를 죽이기 어렵지만, 아포를 만드는 균, 예를 들면 파상풍균·가스괴저균 등이 그 수가 적다는 점에서 실제적으로 널리 이용된다.

(1) 화학적 소독제 종류

소독제는 보통 대부분의 미생물들을 사멸시키는 화학물질을 말한다. 그러나 소독제는 세균 포자까지 죽이지는 못한다.

① 알코올(Alcohol)
알코올의 농도는 70~90% 비율로 사용하며 살균력이 강하다. 수지(手指), 피부, 기구 등의 소독에 사용되며, 기구를 소독할 때에는 20분간 담구어 둔다.

② 포르말린(Formalin)
포르말린의 농도는 기구 소독에는 10~25%로 사용하며, 실내 소독에는

35~40% 비율로 사용한다. 온도가 높을수록 소독 효과가 강하다. 그러나 포르말린 사용 시는 특별한 주의를 해야 한다. 왜냐하면 이것을 흡입하면 기도를 상하게 하며 피부에 닿으면 피부를 자극시키기 때문이다. 실내 소독, 의류, 고무제품 등의 소독 시 사용한다.

③ 크레졸 비누액($CH_3C_6H_4OH$)

난용성이므로 크레졸 비누액 3%에 물 97% 비율로 사용한다. 석탄산에 비해 2배의 소독력을 가지며 세균 소독에 효과가 크다. 피부 소독 시 사용한다.

④ 석탄산(페놀 C_6H_5OH)

살균력 측정의 지표가 되며 일반적 농도로는 3%, 손 소독에는 2% 농도로 사용된다. 의류, 목재, 용기, 실내 소독 등에 사용된다. 사용이 간편하고 가격이 저렴한 장점이 있으나 금속을 부식시키며 취기와 독성이 강해 피부 점막에 자극이 있다.

⑤ 역성비누

살균력과 침투력은 강하나 세정력은 없는 계면활성제로 무색, 무미, 무취, 무독성이며 물에 잘 녹는다. 손 소독에는 3% 농도의 수용액으로 사용되며 기구, 용기소독에 적당하다.

⑥ 생석회(산화칼슘, CaO)

물이나 습기 찬 장소를 소독할 때는 가루를 직접 뿌려 사용하기도 하고 생석회 20%, 물 80%로 희석하여 석회유로 만들어 사용하기도 한다. 분뇨, 토사물, 분뇨통, 쓰레기통, 하수도 등의 소독 등 광범위하게 사용된다.

⑦ 과산화수소(H_2O_2)

산화작용에 의해 살균하며 표백작용이 있다. 2.5~3.5% 수용으로 소독에 사용된다. 무색, 무취, 투명하며 피부 소독에 사용된다.

5. 왁싱 관리실의 위생

깨끗하고 위생적인 환경은 법적 요건을 맞추는 데에도 중요할 뿐만 아니라 왁싱 관리실과 시술자의 외양이 위생 기준이 높고 전문성이 있다는 것을 말해준다.

(1) 고객이 룸을 나갈 때, 도구들을 살균 비누로 씻어서 소독기 안에 넣어둔다.
(2) 시중에 왁스제거용 제품이 있는데, 바닥이나 기타의 표면에 묻은 왁스를 제거하는 용도로 만들어진 것이므로 인체에는 사용하지 않는다. 왁스 히터에 있는 마감재에 손상이 가지 않고 글자를 지우지 않도록 강력한 제품을 사용할 때는 주의를 하여 사용한다.
(3) 1회용 스파츌라나 스트립은 1회 사용 후 버린다. 테이블 위의 종이나 침대보 등은 교체한다. 엎질러진 왁스가 있다면 왁스 컬러와 왁스 아래 종이를 교체한다.
(4) 살균성 클리너로 표면과 병들을 닦아낸다. 이것은 5분에서 10분 정도의 빠른 시간에 마쳐서 다음 고객을 맞이할 준비를 한다. 또한 반드시 고객을 만나기 전후에 손을 씻어야 한다.
(5) 고객마다 새 장갑을 껴야 한다. 고무재질의 장갑보다는 가루가 없고 비닐이나 단백질을 줄인 라텍스 장갑을 사용하는 것이 좋다. 왁싱 시술자는 고객을 대할 때마다 장갑을 껴야 하고, 장갑 끼는 것에 익숙해져야 한다.
(6) 더블 디핑을 하지 않는다. 더블 디핑은 시술자가 통에서 스파츌라로 왁스를 퍼내어 그것을 고객에게 바르고 다시 더 많은 왁스를 퍼내기 위해 통에 다시 스파츌라를 담그는 것을 말한다. 왁스의 온도는 60℃ 내지 75℃ 정도에서 가장 효과가 좋고 편한데, 스파츌라를 왁스로 코팅하면 그것이 피부에 닿지는 않으며, 질병을 유발하는 대부분의 박테리아는 60℃ 이상에서 죽는다. 그러나 일단 한 부위를 왁싱하고 나서, 모발이 일부 피부에 남아 있다면, 그 모발은 리무벌 스트립에 있는 왁스로만 제거해야 한다. 새로 왁싱한 부위에 닿지 않도록 하고 왁스 통에 다시 넣어서도 안 된다.

● 더블 디핑은 하지 않는다.

(7) 모든 도구와 기자재들은 매번 사용 시 소독하여야 하며, 별도의 공간에 깨끗하게 보관하여야 한다.
(8) 시술하는 동안에 자신의 머리, 입, 눈을 만져서는 안 된다.
(9) 모든 용기의 외부는 청결하게 유지한다.
(10) 고객의 가운과 시트는 1회용을 사용하거나, 1회용이 아닌 경우에는 적절히 소독되어야 한다.

Chapter 3.
왁싱 전 준비

 편안하고 안전하게 왁싱 시술을 받을 수 있도록 준비하고 점검함으로써 고객들은 긴장을 풀고 왁싱 전문가에게 신뢰감을 느낄 것이다. 고객을 위한 배려와 관심은 왁싱 전문가가 갖추어야 할 가장 중요한 책임 중 하나이다.

1. 시술 구역 설치

(1) 왁싱 시술 구역에는 반드시 조명이 좋아야 한다. 형광등이 가장 밝으면서도 가장 경제적이다.
(2) 테이블은 시술자가 신속하고 효과적으로 작업할 수 있도록 등이나 자세에 무리가 가지 않게 편안한 높이로 한다. 테이블은 세척할 수 있어야 하고 보호용으로 시트를 덮는다. 시트 위에 종이 안감을 댄다.
(3) 눈으로 보기 어려운 윗입술의 모발과 눈썹 위의 모발 제거를 확인하고 살로 파고드는 모발을 풀어주기 위해 확대 램프가 있으면 좋다.
(4) 왁스 히터는 종이 안감을 댄 바퀴 달린 카트에 놓아서 왁스를 엎지르지 않도록 테이블에 가까이 당길 수 있도록 한다.
(5) 마음을 편안하게 해주는 음악을 선택한다. 편안한 음악은 시술을 더 쾌적하게 만들어 준다.
(6) 고객이 시술 전 긴장하지 않도록 아로마 에센셜 오일을 발향해주는 것도 좋은 방법이 될 수 있다.

신경안정에 효과적인 에센셜 오일

- 샌달우드 : 진정, 스트레스성 긴장에 효과가 있다. 우울증 환자에게는 사용을 자제한다.
- 라벤다 : 신경안정, 심신안정 효과가 있다.
- 로즈 : 항우울, 신경진정 효과가 있다. 임산부 고객에게는 사용을 자제한다.
- 캐모마일 : 진정작용에 의한 불안, 스트레스, 우울증 감소에 효과가 있다. 임산부 고객에게는 사용을 해서는 안 된다.
- 멜리사 : 신경계에 안정을 주며 기분을 상쾌하게 하는 데 도움을 준다. 임산부 고객에게는 사용을 해서는 안 된다.
- 네롤리 : 스트레스 완화, 심신안정에 효과가 있다.

2. 시술 전 준비사항

왁스 히터는 대개 자동온도조절장치로 조절한다. 그렇지 않다면 온도계로 온도를 읽어야 한다. 왁스는 고객에게 시술하기 전에 항상 시술자가 안쪽 팔 피부에 테스트를 해야 한다. 시술자의 피부에 테스트 패치를 제거하기 위해 스트립 조각을 사용해서는 안 된다.

❶ 자세

(1) 피로나 등의 불편을 피하고 정확하고 효율적으로 작업할 수 있도록 편안한 높이가 되도록 한다.
(2) 자세를 체크한다. 왁싱 시술을 할 때 몸을 구부려서는 안 된다. 어색하게 기대지 않도록 시술 부위에 가까이 선다.
(3) 어느 방향에서나 쉽게 다가갈 수 있도록 침대를 방의 중앙에 위치시키고 공간의 여유가 있어야 한다. 시술자가 너무 벽 가까이에 있으면 움직임이 제한되어 시술자가 모발을 당기고 잡아챌 수가 없다.

❷ 장비 관리

(1) 왁스 기구들을 주기적으로 점검하여 자동온도 조절장치가 제대로 작동하는지를 확인해야 한다.

(2) 왁스 기구는 물에 넣어 세척하지 않는다. 플러그를 뽑고 권장되는 용제로 닦는다.

❸ 안전 예방 조치

(1) 감전을 막기 위한 조치로, 사용하는 모든 전기제품에 대해 왁스 기구를 물과 가까이 두지 않는다.

(2) 모든 전자제품에 대해, 물과 접촉을 하게 되면 물에서 꺼내기 전에 플러그를 먼저 뽑는다.

화상, 화재, 상처의 위험을 줄이기 위한 조치

- 제조회사의 제품 설명서를 정확히 따른다.
- 왁스 히터의 코드나 플러그가 손상되었거나, 올바로 작동하지 않거나, 물에 빠뜨렸을 경우 사용하지 않는다.
- 왁스 히터의 플러그를 꽂은 채 장시간 자리를 비우지 않는다. 사용 후에는 즉시 플러그를 뺀다.
- 왁스 기구를 어린이가 근처에 있는 곳에서 사용하지 않도록 감독한다.
- 왁스 히터는 왁스 가열용으로만 사용해야 한다.

❹ 일반 장비 안전

(1) 왁스 가열 기구의 코드나 플러그가 손상되었거나 물에 빠뜨렸거나 제대로 작동하지 않는다면 왁스 가열 기구를 작동하지 않는다.

(2) 코드를 가열된 면에서 멀리 둔다.

(3) 왁스 기구에 환기구가 있으면 막지 않도록 한다.

(4) 전자제품을 제대로 부착한 콘센트에 연결하여야 한다.

(5) 대부분의 왁스 기구들은 기구를 차단시키는 자동 조절 열 제한기가 있어야 한다. 이것이 오작동 되면 사용해서는 안 된다.

(6) 코드를 왁스 기구에 감거나 구부리거나 꼬이게 하지 않는다.

(7) 구멍에 물체를 떨어뜨리거나 넣지 않도록 하고 수리하려고 하면 안 된다.

(8) 왁스 기구가 오작동 되는 경우에는 제조회사에 보내거나 권장 수리 센터에 보낸다.

(9) 왁스 히터는 항상 바닥에 둔다. 만약 누전이 일어난 경우에는 바닥에 두는 것이 전류에 대한 저항을 낮추어서 감전의 위험이 줄어든다.

(10) 접지한 장비의 플러그는 지역 규정에 맞게 제대로 설치된 콘센트에 꽂아야 한다. 만약 왁스 기구의 안전한 접지에 관해 의심이 가면, 자격 있는 전기기사를 불러와서 안전을 점검받아야 한다. 만약 전자제품의 플러그가 콘센트에 맞지 않으면 플러그를 맞추려고 변경하면 안 된다. 대신에 자격 있는 전기기사를 통해 새로운 콘센트를 갖춘다.

❺ 시술실 준비

시술실 준비는 오픈 전 아침 일찍이나 그 전날 해두어야 한다. 매 시술이 끝날 때마다 시술실을 정리하고 재정한다. 사용 후 선반 위의 일회용 롤페이퍼를 깨끗한 것으로 교체한다. 카트는 시술받는 사람 가까이에 두어 왁스나 기구들을 가지러 관리실 이곳저곳을 돌아다니지 않게 한다.

(1) 준비사항
　① 깨끗한 종이로 왁싱 카트의 더러워진 커버를 교체한다.
　② 왁스 히터에 묻은 물방울을 깨끗하게 닦는다.
　③ 히터의 온도조절장치를 검사한다.
　④ 모든 기구를 씻고 그것들을 위생함에 넣어둔다.
　⑤ 스파츌라와 스트립 천을 보충한다.
　⑥ 제모 전후 피부에 용액을 보충한다.
　⑦ 확대경은 사용하기에 가까운 거리에 두어야 한다.

3. 고객의 준비

왁싱시술이 처음인 사람은 시술 전에 반드시 간단한 고객 설문지를 작성해야 한다. 고객에게 시술의 대략적인 과정을 설명하고 그들이 가질 수 있는 질문에 대해 답하는 과정을 시행해야 한다. 그 후 고객에게 시술에 필요한 가운과 일회용 팬티 등을 제공해야 한다.

● 시술 전 고객 모습

Chapter 4.
왁싱의 도구 및 기구 사용법

 왁싱의 여러 도구 및 기구들과 친숙해지는 것이 처음에는 어려울 것이다. 빠른 시간 안에 각 고객에게 맞는 왁싱 서비스를 제공하기 위해서는 왁싱 도구 및 기구 사용법에 관한 정확한 지식을 습득하고, 능숙하게 다룰 수 있도록 친숙해지는 것이 매우 중요하다. 신속한 왁싱 전문가만이 보통의 서비스 시간을 절반으로 줄일 수 있고 이윤을 더 창출할 수 있다. 왁싱 시술 시간이 짧다는 것은 고객에게 불편감을 최소로 줄일 수 있다는 의미이다.

1. 왁싱의 도구 사용법

(1) 개인실 또는 왁싱을 위한 칸막이 공간 : 탈의를 해야 하는 고객을 위한 잠글 수 있는 개인실이나 얼굴 왁싱을 위한 칸막이 된 공간이 있어야 한다.
(2) 세면기 : 시술자가 고객 앞에서 손을 씻음으로써 고객에게 신뢰를 준다.
(3) 살균 세제를 닦을 타올 또는 종이 타올 : 고객의 피부에 닿는 타올과 색깔을 달리하여 구분한다.
(4) 물비누 : 일반 비누보다는 물비누를 사용하는 것이 더 위생적이다.
(5) 고객 기록카드와 책임면제 각서 : 왁싱 시술을 하기 전에 고객에 관한 정보를 얻을 수 있으며 고객과의 관계 형성과 신뢰를 얻는 데 도움을 준다. 또한 고객이 필요한 것을 이해하며 거기에 맞는 시술을 해줄 수 있다.
(6) 피부와 모발 단면도 또는 모형 : 왁싱 상담 시 고객의 이해를 돕는다.
(7) 시술 의자 또는 침대 : 기술자가 편히 일할 수 있는 높이를 사용해야 하며, 고객이 눕거나 앉는 것이 편해야 한다.
(8) 발판 : 필요한 경우 키가 작은 고객이 테이블 위에 올라가도록 하는 것이다.
(9) 웨건 : 시술자가 원활히 시술할 수 있도록 도구들을 잘 정리해 놓아야 한다.

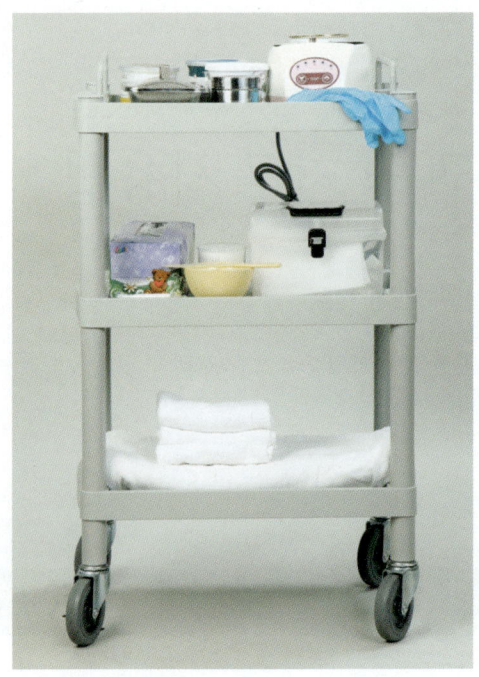

● 시술 전 정리된 웨건

(10) 휴지통과 비닐 : 제모를 한 천이나 고객의 제모 부위를 닦아 낸 것들을 즉시 버릴 수 있도록 휴지통을 시술대 옆에 둔다.

(11) 일회용 종이 말이 또는 시트 : 왁스는 끈적임의 성질을 가지고 있기 때문에 코팅이 된 종이나 시트를 사용해야 하며 고객이 바뀔 때마다 교체해 주어야 한다.

(12) 보호용 왁스 카라 : 왁스를 워머기에 녹일 때 왁스 용기를 카라에 끼워 워머기에 넣는다.

● 왁스 카라

(13) 스파츌라 : 다양한 크기의 스파츌라를 준비하고 되도록이면 일회용을 사용한다. 스파츌라는 제모 부위에 왁스를 바를 때 사용하는 나무 스틱이며 일반적으로 세 가지(큰 사이즈와 중간 사이즈, 섬세하게 제모할 수 있는 작은 사이즈)를 사용한다. 고객이 바뀌거나 왁싱 부위가 바뀔 때마다 교체해줘야 하며, 왁스 안에 담구어 두지 않는다.

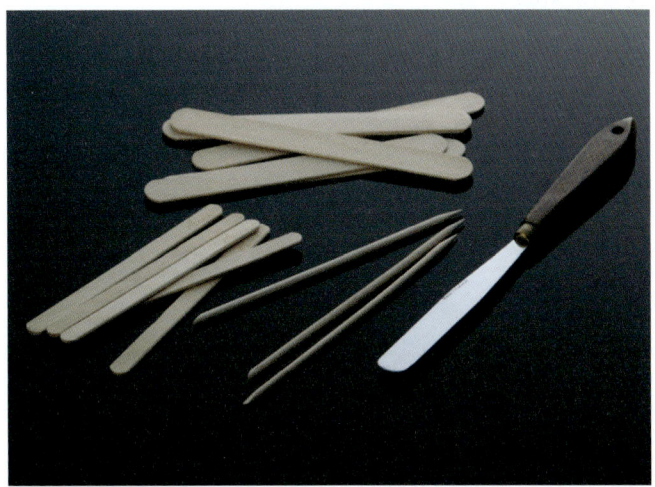
● 다양한 스파츌라

(14) 일회용 장갑 : 비닐 장갑 보다는 라텍스 재질의 장갑이 시술 시에 왁스가 잘 들러붙지 않아 편리하다.

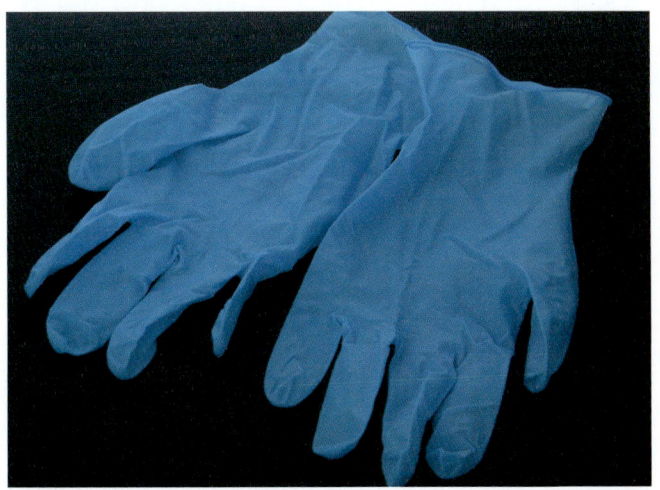
● 일회용 장갑

(15) 소프트 왁스 : 왁스를 데워 액체상태가 되면 스파츌라를 이용해서 피부에 얇게 펴서 발라 스트립을 붙여 모발을 제거한다.

(16) 하드 왁스 : 왁스 자체가 스트립의 역할을 함으로 스트립이 필요하지 않으며 넓은 부위보다는 좁은 부위나 예민한 부위에 적합한 왁스이다.

(17) 왁싱 전용 피부 소독제 : 왁싱할 부위를 소독하며, 동시에 간단한 메이크업을 지울 수 있다.

(18) 하드 왁스 전용 오일 : 하드 왁스를 제거할 때 피부의 손상을 방지하고 왁스가 잘 떨어지게 하여 고객의 불쾌감을 줄여 준다.

(19) 포인트 리무버 : 고객의 포인트 메이크업을 지우는 데 사용한다.

(20) 클렌징 크림 : 메이크업을 지우는 데 사용한다.

(21) 왁싱 전용 유·수분 제거제 : 얼굴이나 겨드랑이, 비키니 왁싱 시술 시 사용하며, 피부의 유·수분의 노폐물을 제거하고 각질 제거의 효과도 있다.

(22) 왁싱 오일 : 남아 있는 왁스를 제거하는 데 사용하며 티트리 성분이 들어간 제품을 사용하면 좋다.

(23) 왁싱 전용 딥 클렌징 : 왁싱 후 사용하며, 왁싱 시술 후에 사용하면 파고드는 모발을 방지할 수 있다.

(24) 피부진정제 : 왁싱 시술에 의해 자극 받은 피부를 진정시켜주어야 한다. 쿨링 제품처럼 시원한 느낌을 주는 제품을 사용하면 좋다.

(25) 모공 수축 및 유·수분 공급제 : 시술 후 확장된 모공을 수축시켜주고 왁싱으로 건조해진 피부를 촉촉하게 유지시켜주는 보습 성분이 들어간 제품을 사용하면 좋다.

(26) 트위저(족집게) : 왁싱 후 남은 모발을 제거하는 데 쓰이며 모발을 제거할 때는 반드시 모발이 난 방향을 잘 확인하고 제거하는 것이 중요하다.

● 트위저

(27) 진정·보습 팩 : 팩 제와 물을 섞어 사용하는 것도 있고 시트 타입의 팩도 있다.

(28) 왁스 클리너 : 기구에 왁스가 묻었을 때 사용한다. 피부에는 절대 사용하면 안 된다.

(29) 가운 : 고객의 옷에 왁스나 여러 가지 제품이 묻지 않도록 가운의 착용이 꼭 필요하다.

(30) 일회용 팬티 : 비키니 왁싱 시 고객에게 제공한다.

(31) 헤어밴드 : 얼굴을 제모할 때 꼭 필요한 준비물로써 제모를 원활하게 할 수 있도록 도와준다.

(32) 일회용 헤어 캡 : 긴 머리를 가진 고객들이 머리를 정리할 수 있도록 해준다.

(33) 고무 볼과 플라스틱 스파츌라 : 진정과 보습을 주는 팩을 만드는 데 사용한다.

(34) 눈썹 브러쉬 : 눈썹을 브러쉬로 빗어 모양을 잡아줄 때 사용한다.

● 눈썹 브러쉬

(35) 에보니 펜슬 : 고객이 원하는 눈썹의 형태를 잡을 때 사용한다.

(36) 가위 : 불필요한 긴 모를 자를 때 사용한다.

(37) 솜 또는 거즈 : 제모 부위를 소독할 때나 시술 전후의 제품을 피부에 바를 때 사용한다.

(38) 티슈 : 수분기를 제거할 때 사용한다.

(39) 손 거울 : 고객이 자신의 시술 전후 모습을 확인하는 데 사용한다.

(40) 스트립을 자를 가위 : 시술할 부위에 맞게 스트립을 자를 때 사용한다.

(41) 사각 바트 : 스파츌라 등을 위생적으로 보관하여 사용한다.

● 사각 바트

(42) 멸균된 솜 또는 멸균 거즈를 담을 바트 : 솜과 거즈를 위생적으로 사용할 수 있다.

● 원형 바트

(43) 덮개가 있는 용기에 담은 면봉 : 포인트 메이크업을 섬세하게 지우거나 이물질을 제거할 때 사용한다.

2. 왁싱의 기구 사용법

(1) 자외선 소독기 : 가위, 트위저 등 왁싱에 필요한 도구를 소독할 때 사용한다.

(2) 냉장고 : 왁싱 후 진정 젤을 보관하거나, 진정용 얼음 팩을 만들 때 사용한다.

(3) 확대경 : 피부의 상태를 보거나, 남은 모발을 트위저로 제거하거나, 파고드는 모발을 제거할 때 사용한다.

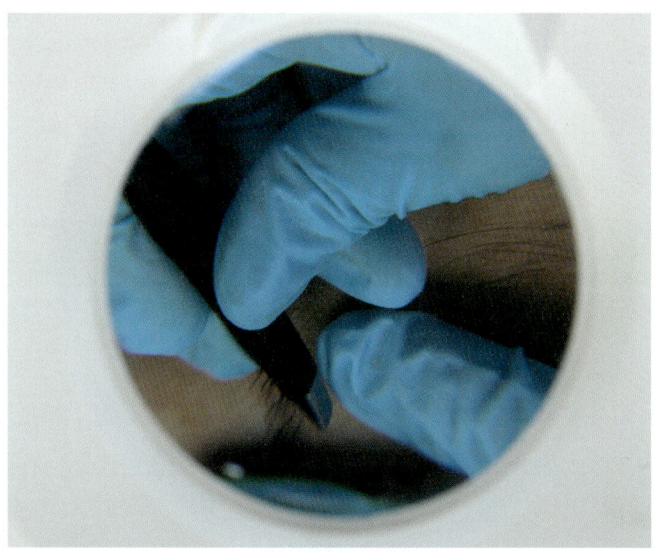

● 확대경

(4) 왁스 워머기 : 왁스를 녹이는 가열 기구이다. 온도 조절기능이 부착되어 있는 워머기가 편리하다.

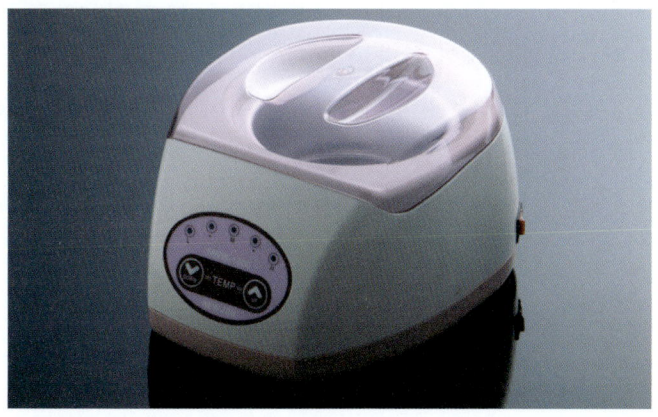

● 워머기

Chapter 5.
부위별 왁싱 방법

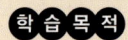 왁싱에는 두 종류가 있다. 하나는 하드 왁싱으로써 비스트립 방법으로 알려져 있다. 또 하나의 왁싱 방법으로는 스트립 방식이 있다. 신체부위별 적용해야 할 다양한 왁싱 방법에 관한 이론과 실기를 익히는 것은 왁싱 전문가에게 매우 중요한 일이다. 왁싱 시술에 있어 가장 문제가 되는 것은 잘못된 방법으로 시술하는 것이다. 왁싱 전문관리사는 각 고객에게 맞는 단계적인 시술과정을 익혀야 한다. 왁싱 시술 시 고객이 만족감을 느꼈다면 고객은 다시 그 왁싱 전문가에게 시술을 받을 것이다.

1. 왁싱 시술 전 주의사항

❶ 위생

(1) 깨끗하고 위생적인 환경은 법적 요건에 맞추는 데 중요할 뿐만 아니라 고객에게 신뢰감을 준다. 관리실과 시술자의 외양이 위생 기준이 높고 전문성이 있다는 것을 말해준다.
(2) 고객이 관리실을 나갈 때, 도구들을 살균 비누로 씻어서 소독기 안에 넣어둔다. 왁스 히터에 엎질러진 왁스는 오일로 제거한다.
(3) 왁스제거용 제품이 있는데, 고객에게는 사용해서는 안 되고 바닥이나 기타 표면에 묻은 왁스를 제거하는 용도로 만들어진 것이다.
(4) 왁스 히터에 있는 마감재에 손상이 가지 않고 글자를 지우지 않도록 강력한 제품을 사용할 때는 주의를 해야 한다.
(5) 사용한 스틱이나 스트립은 버린다. 테이블 위의 종이나 커버는 교체한다. 엎질러진 왁스가 있다면 왁스 컬러와 왁스 아래 종이를 교체한다.
(6) 살균성 클리너로 표면과 병들을 닦아낸다. 이 작업은 5분 안에 끝마친다.

간단 정보

- 시술 후 48시간 후에, 그리고 그 후 몇 주에 한 번씩 정기적으로 피부 각질 제거를 하면 살로 파고들어 자라는 모발을 줄일 수 있다.
- 원하는 방향으로 모발을 왁싱함으로써 모발이 자라는 방향을 바꿀 수 있고, 점차 길을 들일 수 있다.
- 넓은 신체 부위에 클렌징 항균제를 뿌리기 위해 스프레이 타입을 사용하면 신속히 바를 수 있다. 고객에게 항균제가 차가울 수 있으니 놀라지 말라고 미리 말해둔다.
- 왁싱 시술 전 피부는 완벽히 준비되어야 한다.
- 멍이 들 수 있으므로 스트립(Strip)을 붙일 때 너무 강한 압력은 주지 않도록 한다.
- 스트립을 떼어낼 때 수직으로 당기지 말고 모발이 자란 방향과 반대로 한 번에 떼어내도록 한다.
- 하드 왁스를 도포할 때 견고한 당김을 얻을 수 있도록 두껍게 발라준다.
- 왁싱 시술 전에 긴 모발을 정리해준다.
- 왁스제를 바르기 전 피부상태도 잘 정돈되어야 한다.
- 확대경을 통해 작업상태를 확인한다.
- 고객에게 접촉하기 전후에는 반드시 손을 씻는다.
- 하드 왁스는 항상 먼저 모발 반대 방향으로 왁스를 바르고, 그 다음 즉시 모발이 자란 방향으로 바른다.
- 항상 손목 안쪽에다 왁스의 온도를 테스트한다.

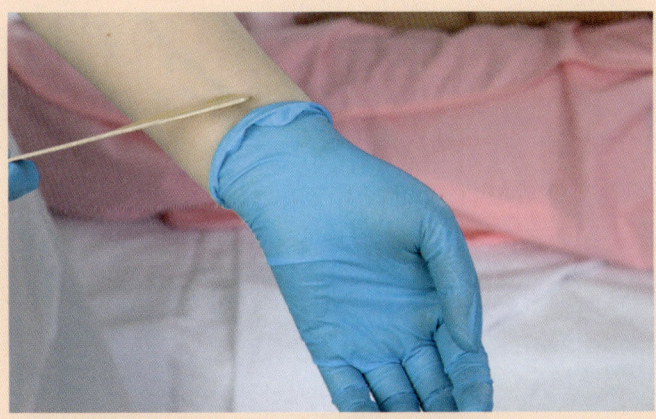

● 온도 테스트

- 왁스는 다루기 쉬운 크기로 바른다.
- 떼어내기를 시작하는 지점 끝에서 피부가 팽팽하도록 피부를 잡아준다.
- 하드 왁스의 가장자리를 깔끔하게 하고 제거를 위해 잡기 쉽도록 끝을 좀더 두껍게 한다.
- 사용한 하드 왁스는 항상 버린다.
- 통 안의 왁스를 자주 저어준다.
- 왁스가 과열되면 검게 변하여 유연성과 제모 성질을 잃어버리므로 주의한다.

❷ 장갑 사용

(1) 많은 사람들에게 장갑 사용은 여전히 개인적인 선택이라고 여겨진다. 어떤 시술자들은 고객의 피부에 접촉하는 내내 장갑을 끼고자 한다. 많은 사람들이 여전히 장갑을 끼려고 하지 않는 반면에, 왁스를 제거하고 난 후 피부에 압력을 가할 때 피부에 닿는 손에만 장갑을 끼는 사람들도 있다. 왁싱을 한 부위에 혈액 덩어리가 보인다는 것을 잘 알아야 한다. 시술자의 손 피부에 손상이 있다면 반드시 장갑을 껴야 한다. 막 현장에 나온 왁싱 시술자는 모든 고객을 대할 때 장갑을 껴야 하고, 모든 고객을 대할 때 장갑 끼는 것에 익숙해져야 한다.

(2) 고객을 대할 때마다 새 장갑을 껴야 한다. 가루가 없고 비닐이나 단백질을 줄인 라텍스 장갑이어야 한다. 고객에게 라텍스에 대한 알레르기가 있는지 질문한다. 라텍스에 알레르기가 있는 고객은 시술자가 장갑을 낄 때 시술자에게 미리 그것을 주의주어야 한다.

❸ 더블 디핑

(1) 더블 디핑은 시술자가 왁스 통에서 스틱으로 왁스를 퍼내어 그것을 고객에게 바르고 다시 더 많은 왁스를 퍼내기 위해 통에 다시 스틱을 담그는 것을 말한다.

(2) 질병을 유발하는 대부분의 박테리아는 60℃ 이상에서 죽는다. 왁스의 온도는 60℃ 내지 75℃ 정도에서 가장 효과가 좋고 편한데, 이것은 대부분의 질병 유발 박테리아가 왁스 통 안에서 죽는다는 것을 의미한다. 박테리아는 4℃ 아래에서는 죽지 않지만 온도가 낮으면 성장이 느려진다. 왁스 통을 4℃에서 60℃ 사이에서 데우면 실제로 박테리아가 통 안에 있는 경우 박테리아가 번식하지만 60℃에 이르면 박테리아가 죽기 시작하며 완전히 가열된 통이 너무 뜨거우면 박테리아 성장이 억제된다.

(3) 주걱을 왁스로 코팅하면 그것이 피부에 닿지는 않는다. 주걱이 피부 표면에서 움직일 때 왁스가 주걱에서 미끄러져 내린다. 그러나 일단 한 부위를 왁싱하고 나서 모발이 피부에 남아 있다면, 그 모발은 이미 리무벌 스트립에 있는 왁스로만 제거해야 한다. 새로 왁싱한 부위에 닿지 않도록 하고 통에 다시 넣어서도 안 된다.

(4) 왁싱 시술을 하는 동안에 고객에게 외상이나 상처를 일으키는 것보다 더 끔찍한 것은 없다. 흉터나 멍을 가지고 살아야 하는 고객에게는 괴로운 일이며, 만약 특별

한 일을 앞두고 시술 예약이 되어 있다면, 그럴 때는 더욱 괴롭고 당황스럽다. 시술자는 깊이 사과를 하고, 치료해 주며 시술에 대해서는 요금을 받지 않는다. 아무리 적절한 조치를 취하더라도 피해를 되돌릴 수는 없다. 모든 고객에게 초기에 충분한 상담을 하고 매번 재방문 때마다 질문을 하고 책임면제 각서에 서명을 하게 하면, 시술자는 제대로 한 시술에는 잠깐 붉어지는 것 외에는 부작용이 없을 것으로 확신할 수 있다. 절차를 잘 따른다면 부정적인 사건이나 반응은 상당히 줄어들 것이고 왁싱 시술이 만족스러울 것이다.

(5) 왁싱 시술은 매우 개인적인 것이며 좋은 시술의 결과는 고객에게 있어 매우 중요하다. 고객이 왁싱 시술에 탁월한 만족감을 느꼈다면 다시 그 관리사에게 같은 시술을 받는다는 것이 보장된다.

(6) 왁싱 시술에 있어 가장 문제가 되는 것은 잘못된 제거 기술이다. 관리사들은 시술 시 단계적인 시술과정을 밟아야 한다. 손의 상태 관리뿐만 아니라 왁스제를 도포하는 것까지 완벽한 기술 습득이 이루어져야 한다.

2. 팔 왁싱

 **스트립 왁싱**

(1) 고객의 자세

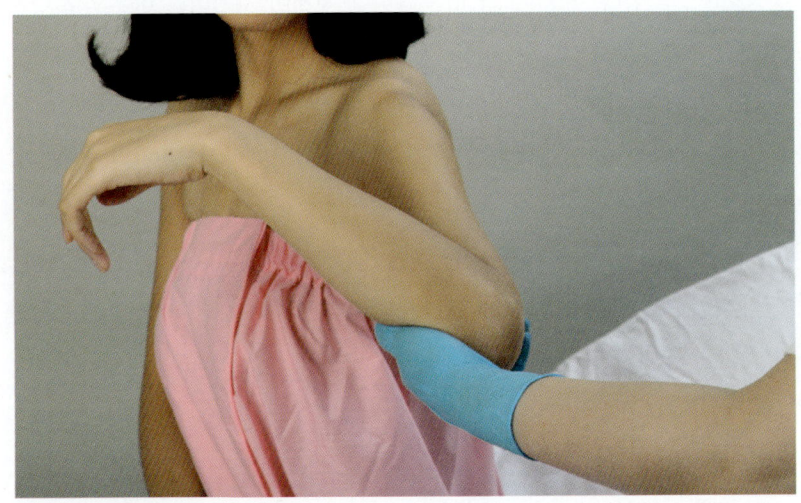

● 상완부 왁싱 자세

① 상완부의 모발을 제거하기 위해서 고객의 팔꿈치를 시술자 쪽으로 뻗게 해서 고객의 팔이 몸과 직각을 이루도록 한다. 시술자의 손을 팔꿈치와 위의 팔 아래에 놓아서 지탱해준다.

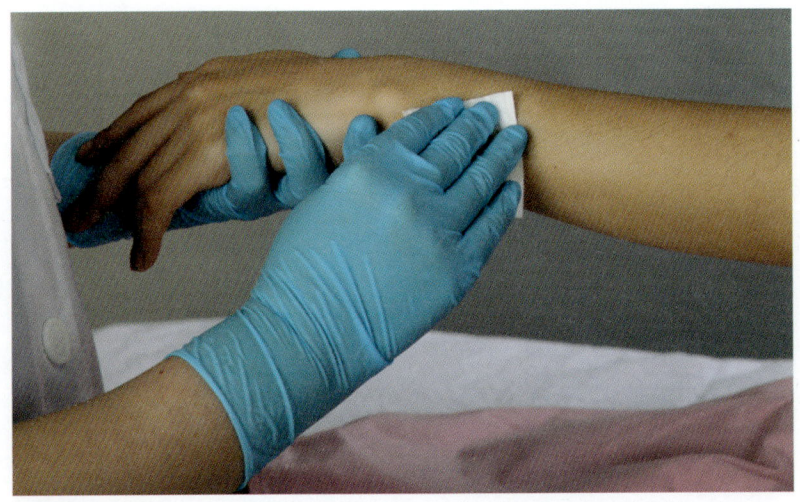

● 하완부 소독하기

② 하완부의 모발을 제거하기 위해서 고객의 팔을 손바닥을 아래로 향한 채로 시술자에게 쭉 뻗게 하고, 시술자가 팔로 전완부 아랫부분을 지탱해 준다. 스트립 왁싱은 팔에 있는 모발을 가장 빠르고 효과적으로 제거하는 방법이다.

(2) 시술 순서

1. 왁싱 전용 유·수분 제거제를 사용하여 왁싱할 부위를 정돈한다.
2. 클렌징 겸 소독제를 사용하여 왁싱할 부위를 깨끗이 소독한 후 그 부위를 건조시킨다.
3. 스파츌라를 사용하여 왁스를 떠서 시술자 손목 안쪽에 온도를 테스트 한다.
4. 팔은 모가 성장한 방향이 여러 방향이기 때문에 모발의 성장 방향을 잘 확인한 후 구역을 나누어 순차적으로 제모를 한다. 모발의 성장 방향으로 왁스를 얇게 바른다. 왁스를 바르지 않는 부위에 왁스가 흘러내리지 않도록 조심해서 바른다.

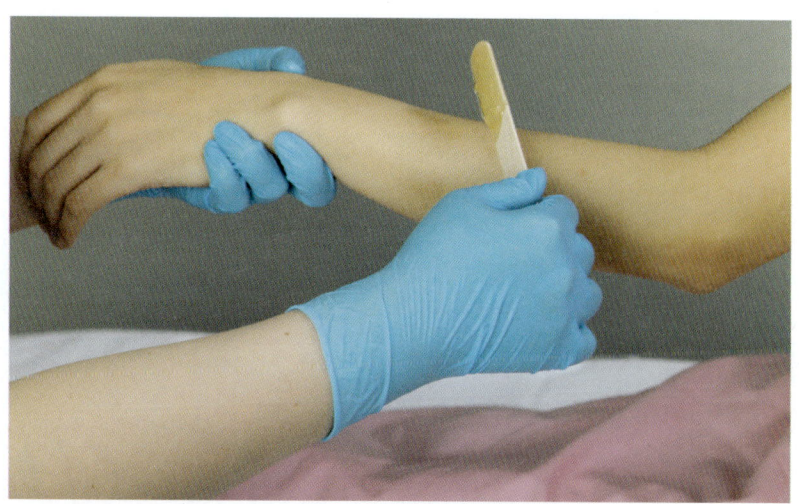

● 팔 스트립 왁싱

5. 제거를 위하여 스트립을 약 1인치 정도 남겨 놓고 잘 밀착시킨다.
6. 스트립을 모발 성장 방향과 반대 방향으로 잡아당겨서 제거한다. 스트립을 약 45° 각도로 제거한다.
7. 스트립을 제거한 즉시 다른 한 손으로 왁싱 부위를 재빨리 눌러 통증을 완화시켜 준다.

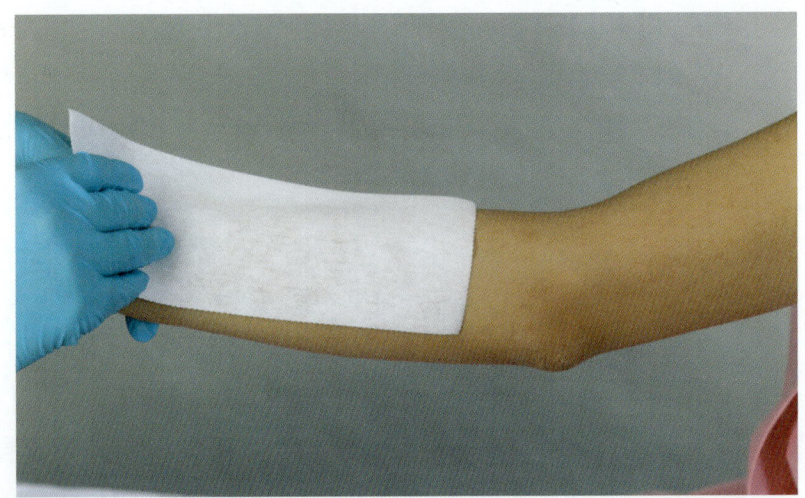

• 스트립 제거

<u>8</u>　왁싱오일을 사용하여 왁스 잔여물을 제거해 준다.

<u>9</u>　확대경을 사용하여 제거되지 않은 체모를 확인한 후 트위저를 사용하여 모발 성장 방향으로 제거해 준다.

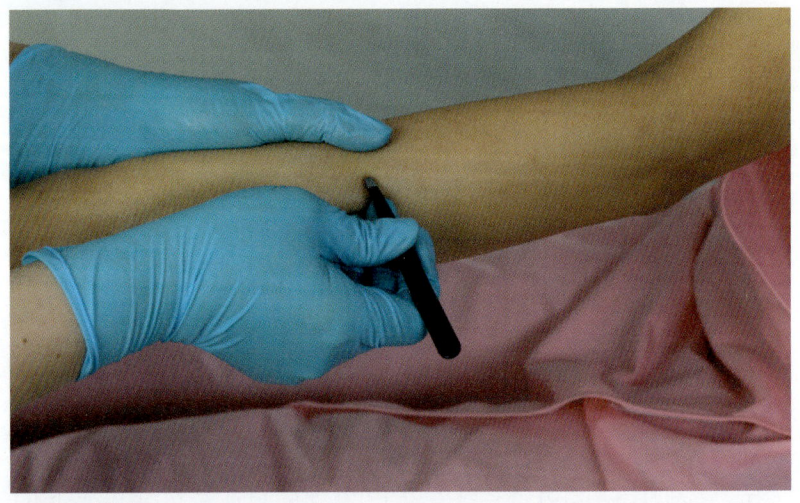

• 트위저 사용하기

<u>10</u>　피부 진정 전문제품을 사용하여 피부를 진정시킨다.

<u>11</u>　왁싱 전용 모공수축제(마무리 제품)를 사용하여 모공을 수축하고 피부를 보습한다.

3. 손 왁싱

팔을 마치고 나서 필요하면 손가락과 손의 제모를 한다. 손가락은 하지 않고 손등 전체를 한 번에 할 수도 있다.

❶ 스트립 왁싱

(1) 고객의 자세

고객이 손가락을 안으로 말아 넣고 주먹을 쥐게 해 피부가 팽팽해지도록 한다. 이 때 고객의 손이 움직이지 않도록 단단히 잡는 것도 중요하다.

(2) 시술 순서

고객의 손이 단단한 받침대가 없이 "떠 있기" 때문에 모발을 재빨리 잡아당길 때 손을 잘 잡는 것이 중요한데 손가락에는 모발이 가운데 손가락 쪽으로 자라기 때문에 한 번에 한 손가락을 잡고 새끼손가락에서 시작하여 엄지손가락 쪽으로 진행한다.

1. 왁싱 전용 유·수분 제거제를 사용하여 왁싱할 부위를 정돈한다.
2. 클렌징 겸 소독제를 사용하여 왁싱할 부위를 깨끗이 소독한 후 그 부위를 건조시킨다.
3. 스파츌라를 사용하여 왁스를 떠서 시술자 손목 안쪽에 온도를 테스트 한다.
4. 모발의 성장 방향을 잘 확인한 후 새끼손가락에서 시작하여 엄지손가락 쪽으로 진행한다. 모발의 성장 방향으로 왁스를 얇게 바르며, 바르지 않는 부위에 왁스가 흘러내리지 않도록 조심해서 바른다.
5. 제거를 위하여 스트립을 약 1인치 정도 남겨 놓고 잘 밀착시킨다. 스트립은 시술하기 전 미리 잘라서 준비해둔다.
6. 스트립을 모발 성장 방향과 반대방향으로 잡아당겨서 제거한다. 스트립을 약 45° 각도로 제거한다.
7. 스트립을 제거한 즉시 다른 한 손으로 왁싱 부위를 재빨리 눌러 통증을 완화시켜준다.
8. 왁싱오일을 사용하여 왁스 잔여물을 제거해준다.
9. 확대경을 사용하여 제거되지 않은 모발을 확인한 후 트위저를 사용하여 모발 성장 방향으로 제거해준다.

10 모든 왁싱 시술이 이루어졌다면 악수하듯이 고객의 손을 잡고 마무리 작업을 해준다.

11 피부 진정 전문제품을 사용하여 피부를 진정시킨다.

12 왁싱 전용 모공수축제(마무리 제품)를 사용하여 모공을 수축하고 피부를 보습한다.

❷ 하드 왁싱

(1) 고객의 자세

고객의 자세는 스트립 왁싱과 동일하다.

(2) 시술 순서

1 왁싱 전용 유·수분 제거제를 사용하여 왁싱할 부위를 정돈한다.

2 클렌징 겸 소독제를 사용하여 왁싱할 부위를 깨끗이 소독한 후 그 부위를 건조시킨다.

3 왁스 탈착용 오일을 소량만 도포해준다. 많은 양을 사용하면 왁스를 밀착시키는 데 방해가 된다.

4 스파츌라를 사용하여 왁스를 떠서 시술자 손목 안쪽에 온도를 테스트 한다.

5 주걱으로 왁스를 한번 퍼서 왁싱할 부위에 모발이 난 반대방향으로 빠르게 한번 바른 후 모발이 난 방향으로 오백원 동전 두께만큼 바른다.

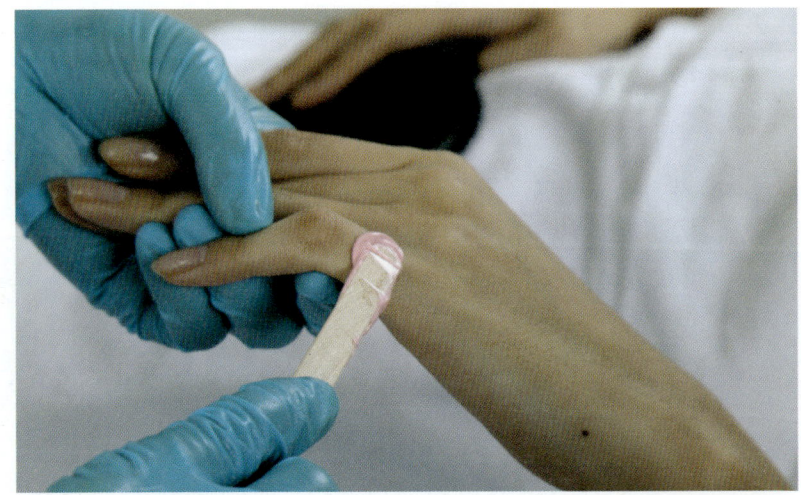

● 손가락 하드 왁스 바르기

6	모발의 성장 방향을 잘 확인한 후 새끼손가락에서 시작하여 엄지손가락 쪽으로 진행한다.
7	한쪽 끝을 두껍게 만들어서 엄지와 둘째손가락 사이에 잡힐만한 크기의 모양을 만든다. 왁스가 굳을 때까지 잠시 기다린다.
8	굳어진 하드 왁스를 모발 성장 방향과 반대 방향으로 잡아당겨서 제거한다.
9	하드 왁스를 제거한 즉시 다른 한 손으로 왁싱 부위를 재빨리 눌러 통증을 완화시켜준다.
10	왁싱오일을 사용하여 왁스 잔여물을 제거해준다.
11	확대경을 사용하여 제거되지 않은 모발을 확인한 후 트위저를 사용하여 모발 성장 방향으로 제거해준다.
12	모든 왁싱 시술이 이루어졌다면 악수하듯이 고객의 손을 잡고 마무리 작업을 해준다.
13	피부 진정 전문제품을 사용하여 피부를 진정시킨다.
14	왁싱 전용 모공수축제(마무리 제품)를 사용하여 모공을 수축하고 피부를 보습한다.

4. 겨드랑이 왁싱

겨드랑이 부위는 보통 가지런히 자라지 않는 모발들이 있다. 한쪽 겨드랑이에서는 모발이 두 방향으로 자라는 반면에 다른 쪽에서는 세 방향으로 자라는 경우도 있다. 왁스를 바르기 전에 모발 성장의 패턴을 조심스럽게 기록해 놓는다. 대부분의 여성 고객들은 겨드랑이 부위는 면도로 제모한다. 면도는 자극이 될 수도 있고 안쪽으로 파고드는 모발(내향성 모발 ; Ingrowing hair)을 만들어 낼 수도 있다. 강한 방취제와 결합해서 피부에 염증이 생길 수도 있고 항상 발진이 있을 수도 있다. 그러나 왁싱을 하면 이런 현상들은 완화된다.

❶ 스트립 왁싱

(1) 고객의 자세

왁스 방울이 튀지 않도록 작은 수건을 고객의 가슴 부위에 놓고 제모해야 할 고객의 팔을 어깨 위로 올려 머리 뒤 쪽에 위치시킨다. 다른 쪽 손은 몸통을 가로질러 가슴 위에 올리고 가슴 쪽 피부를 시술 받을 겨드랑이에서 멀어지도록 당기고 있는 상태가 되게 한다. 모발이 너무 길 경우에는 잘라내어 모발의 성장 방향을 가늠하기 쉽게 한다.

> 피부 표면에 출혈이 나타날 수 있으나 모구가 갑자기 제거되고 모낭이 손상을 입었기 때문으로 보통은 정상적이다(출혈은 정상적으로 피부표면을 따라 흐를 수 있다).

(2) 시술 순서

1. 겨드랑이 부위는 세균이 쉽게 번식하는 부위다. 왁싱 전에 철저하게 씻고 건조시킨다.
2. 왁싱 전용 유·수분 제거제를 사용하여 왁싱할 부위를 정돈한다.
3. 클렌징 겸 소독제를 사용하여 왁싱할 부위를 깨끗이 소독한 후 그 부위를 건조시킨다.
4. 스파츌라를 사용하여 왁스를 떠서 시술자 손목 안쪽에 온도를 테스트 한다.
5. 모발의 성장 방향을 잘 확인한 후 모발의 성장 방향으로 왁스를 얇게 바르며, 바르지 않는 부위에 왁스가 흘러내리지 않도록 조심해서 바른다.
6. 겨드랑이 모발은 여러 방향으로 자란다. 자극과 출혈을 일으키지 않도록 성장 패턴에 따라 작은 스트립을 붙인다. 제거를 위하여 스트립을 약 1인치 정도 남겨 놓고 잘 밀착시킨다. 스트립은 시술하기 전 미리 잘라서 준비해 둔다.
7. 스트립을 모발 성장 방향과 반대 방향으로 잡아당겨서 제거한다. 스트립을 약 45° 각도로 제거한다.
8. 스트립을 제거한 즉시 다른 한 손으로 왁싱 부위를 재빨리 눌러 통증을 완화시켜준다.
9. 왁싱오일을 사용하여 왁스 잔여물을 제거해준다.

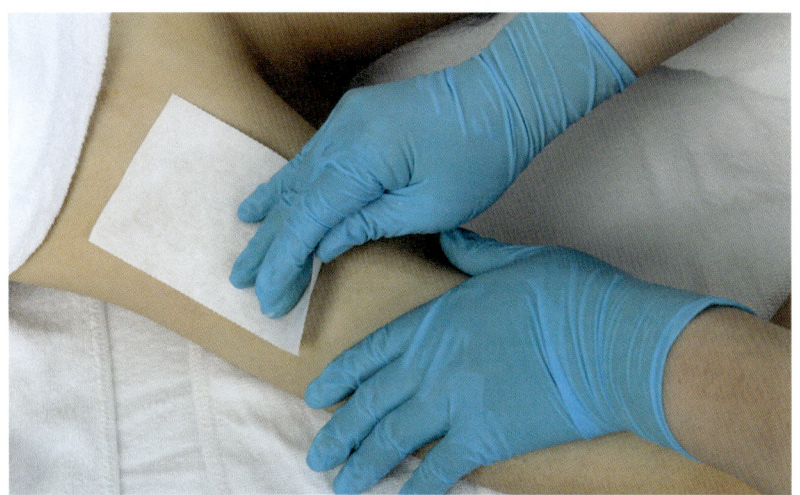

● 겨드랑이 스트립 제거

10 확대경을 사용하여 제거되지 않은 모발을 확인한 후 트위저를 사용하여 모발 성장 방향으로 제거해 준다.

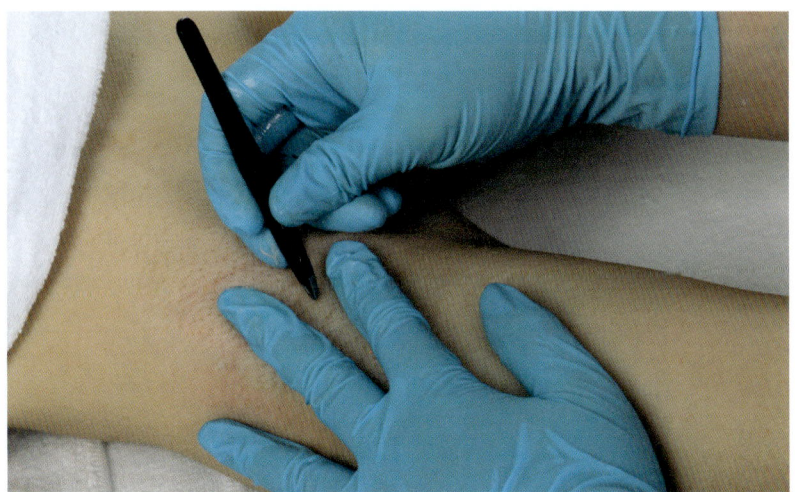

● 겨드랑이 트위저 사용

11 고객에게 거울을 주어서 여러분의 작업을 검사하게 한다.
12 피부 진정 전문제품을 사용하여 피부를 진정시킨다.
13 왁싱 전용 모공수축제(마무리 제품)를 사용하여 모공을 수축하고 피부를 보습한다.

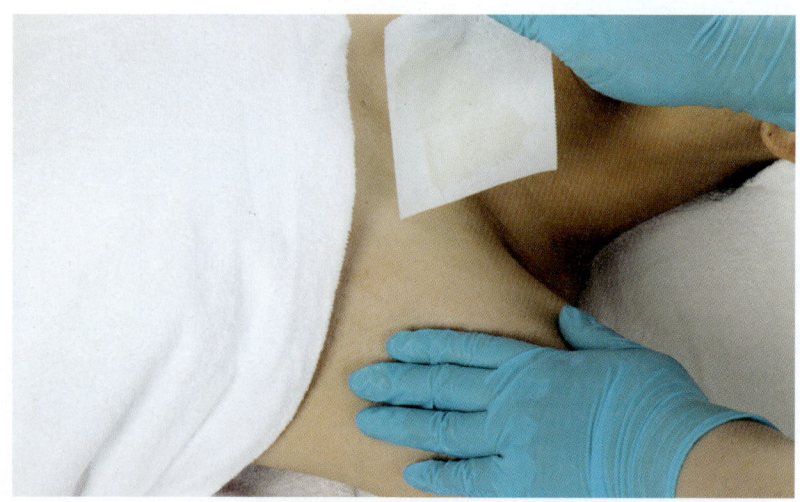
● 겨드랑이 스트립 왁싱 후 피부 진정하기

❷ 하드 왁싱

(1) 고객의 자세

고객의 자세는 스트립 왁싱과 동일하다.

(2) 시술 순서

겨드랑이 부위는 작은 섹터로 나누어 바른다. 처음에는 모발의 성장 방향과 반대 방향으로 도포하고, 다시 한 번 성장 방향으로 도포하면서 덧바르면 왁스가 굳어지며 수축하면서 각각의 모발을 단단히 고정시킬 수 있다.

 하드 왁스는 재생하여 사용해서는 안 된다.

1. 겨드랑이 부위는 세균이 쉽게 번식하는 부위이므로, 왁싱 전 철저하게 씻고 건조시킨다.
2. 왁싱 전용 유·수분 제거제를 사용하여 왁싱할 부위를 정돈한다.
3. 클렌징 겸 소독제를 사용하여 왁싱할 부위를 깨끗이 소독한 후 그 부위를 건조시킨다.
4. 왁스 탈착용 오일을 소량만 도포해준다. 많은 양을 사용하면 왁스를 밀착시키는 데 방해가 된다.

5 스파츌라를 사용하여 왁스를 떠서 시술자 손목 안쪽에 온도를 테스트한다.

6 주걱으로 왁스를 한 번 퍼서 왁싱할 부위에 모발이 난 반대 방향으로 빠르게 한 번 도포한 후 체모가 난 방향으로 반복하여 도포한다.

7 하드스트립을 모발 성장 방향과 반대방향으로 잡아당겨서 제거한다.

8 하드스트립을 제거한 즉시 다른 한 손으로 왁싱 부위를 재빨리 눌러 통증을 완화시켜 준다.

9 왁싱오일을 사용하여 왁스 잔여물을 제거해 준다.

10 확대경을 사용하여 제거되지 않은 모발을 확인한 후 트위저를 사용하여 모발 성장 방향으로 제거해 준다.

11 고객에게 거울을 주어서 여러분의 작업을 검사하게 한다.

12 피부 진정 전문제품을 사용하여 피부를 진정시킨다.

13 왁싱 전용 모공수축제(마무리 제품)를 사용하여 모공을 수축하고 피부를 보습한다.

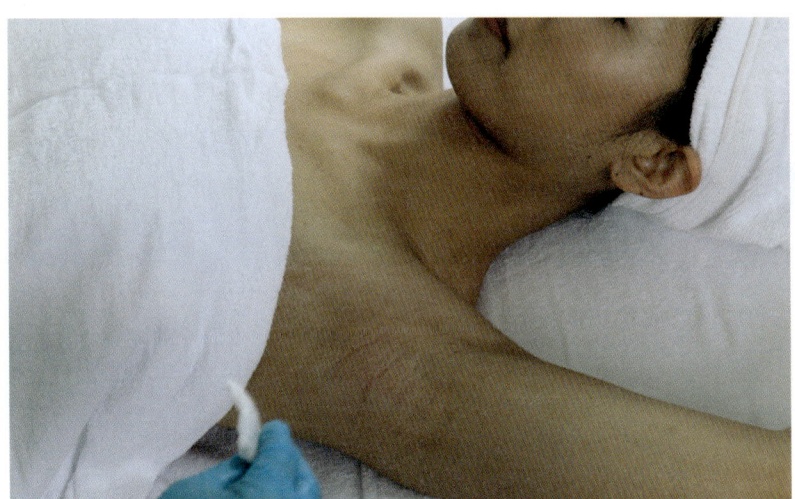

● 겨드랑이 왁싱 후 마무리

5. 다리 왁싱

- 다리 부분 왁싱은 가장 대중적인 모발제거 시술로 면도에서 해방될 수도 있다는 점 때문에 여성들이 특히 선호한다.
- 종아리 부위는 안쪽, 바깥쪽, 가운데의 세 부분으로 나뉘는데 세 부분 모두 모발의 성장 방향을 주의 깊게 관찰해야 한다.
- 다리의 피부는 얼굴 피부보다 덜 민감하기 때문에 빠르고 효과적인 스트립 왁싱이 선호된다.
- 다리서비스는 위쪽, 아래쪽, 비키니, 발 부위의 4부분으로 나뉜다. 다리 왁싱은 평균 4~6주 지속되기 때문에 고객과 매달 예약을 계획할 수도 있다.
- 무릎 위쪽 다리와 아래쪽 다리 왁싱에는 확연한 차이가 있다. 위쪽 다리는 아래쪽 다리와 비교하여 모발이 덜 빽빽할지는 모르나 왁스를 덮어야 할 면적이 넓으므로 아래쪽 다리보다 더 많은 시간과 왁스가 소비된다. 이것은 자연히 왁싱시술 비용과 왁싱에 걸리는 시간이 된다. 따라서 위쪽 다리 왁싱이나 전체 다리 왁싱은 비키니 부분을 포함하지 않기 때문에 비키니 왁싱은 별도로 처리하여야 한다.

❶ 스트립 왁싱

(1) 고객의 자세

고객이 관리실 천장을 보고 눕게 하고 종아리 부위를 시술할 때는 종아리를 세우게 한다.

(2) 시술 순서

1. 왁싱 전용 유·수분 제거제를 사용하여 왁싱할 부위를 정돈한다.
2. 클렌징 겸 소독제를 사용하여 왁싱할 부위를 깨끗이 소독한 후 그 부위를 건조시킨다.
3. 스파츌라를 사용하여 왁스를 떠서 시술자 손목 안쪽에 온도를 테스트 한다.
4. 체모의 성장 방향을 잘 확인한 후 체모의 성장 방향으로 왁스를 얇게 바르며, 바르지 않는 부위에 왁스가 흘러내리지 않도록 조심해서 바른다.
5. 제거를 위하여 스트립을 약 1인치 정도 남겨 놓고 잘 밀착시킨다.
6. 스트립을 모발 성장 방향과 반대 방향으로 잡아당겨서 제거한다. 스트립을 약 45° 각도로 제거한다.

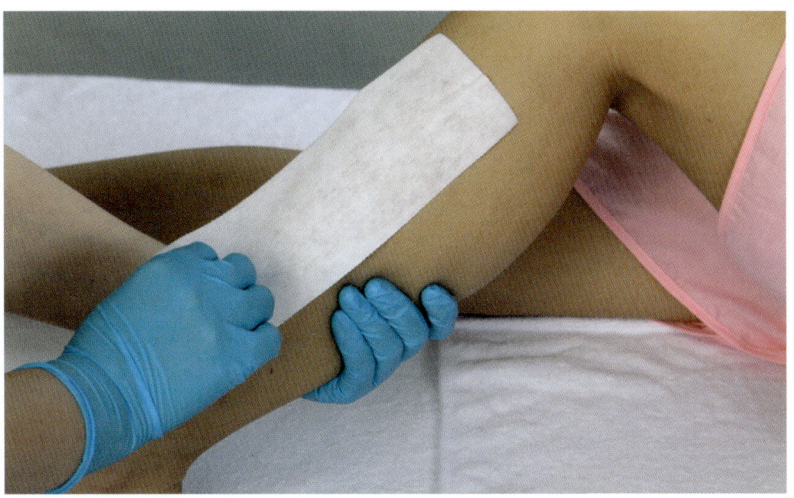

○ 다리 스트립 제거

 고객의 종아리를 편 상태에서 시술할 경우에는 종아리 아래부위를 잡아준다.

<u>7</u> 스트립을 제거한 즉시 다른 한 손으로 왁싱 부위를 재빨리 눌러 통증을 완화시켜준다.

<u>8</u> 왁싱오일을 사용하여 왁스 잔여물을 제거해준다.

<u>9</u> 확대경을 사용하여 제거되지 않은 모발을 확인한 후 트위저를 사용하여 모발 성장 방향으로 제거해준다.

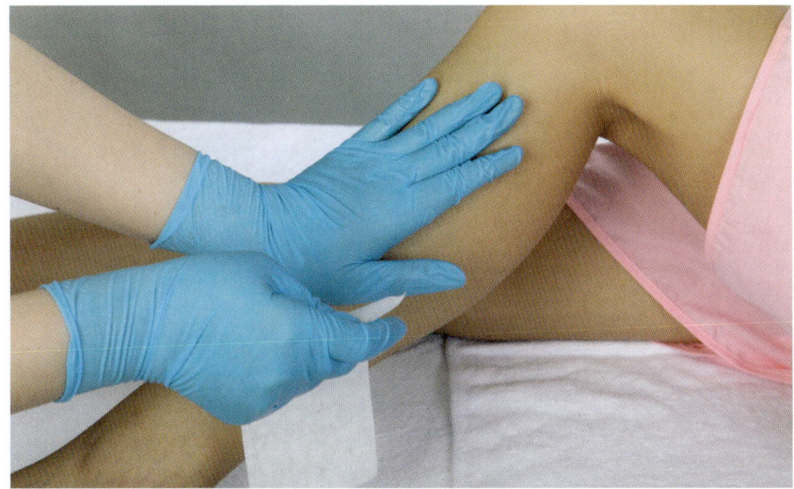

○ 다리 스트립 왁싱 후 피부 진정하기

| 10 | 피부 진정 전문제품을 사용하여 피부를 진정시킨다.
| 11 | 왁싱 전용 모공수축제(마무리 제품)를 사용하여 모공을 수축하고 피부를 보습한다.

6. 발 왁싱

- 다리는 왁싱을 하지 않고 발가락만 왁싱을 하겠다는 고객들이 있다. 발가락만 왁싱하는 경우는 종종 패디큐어를 하면서 추가 요금으로 포함시키기도 한다.
- 발가락의 모발이 자라는 방향은 보통 눈으로 보인다. 바깥 쪽 가장자리에서는 약간 바깥 쪽으로, 발가락 중간에서 발톱 쪽으로 자란다. 한 번에 하나씩 왁스를 바르는데, 새끼발가락에서 시작해서 엄지발가락 쪽으로 향한다. 모든 왁스를 다 바르고 나면 다시 새끼발가락에서 시작하여 엄지발가락 쪽으로 제거한다.

❶ 스트립 왁싱

(1) 고객의 자세

고객을 편하게 눕혀서 종아리를 구부리게 한다.

(2) 시술 순서

| 1 | 왁싱 전용 유·수분 제거제를 사용하여 왁싱할 부위를 정돈한다.
| 2 | 클렌징 겸 소독제를 사용하여 왁싱할 부위를 깨끗이 소독한 후 그 부위를 건조시킨다.
| 3 | 스파츌라를 사용하여 왁스를 떠서 시술자 손목 안쪽에 온도를 테스트 한다.
| 4 | 모발의 성장 방향을 잘 확인한 후 모발의 성장 방향으로 왁스를 얇게 바르며, 바르지 않는 부위에 왁스가 흘러내리지 않도록 조심해서 바른다.
| 5 | 제거를 위하여 스트립을 약 1인치 정도 남겨 놓고 잘 밀착시킨다.
| 6 | 스트립을 체모 성장 방향과 반대 방향으로 잡아당겨서 제거한다. 스트립을 약 45° 각도로 제거한다.

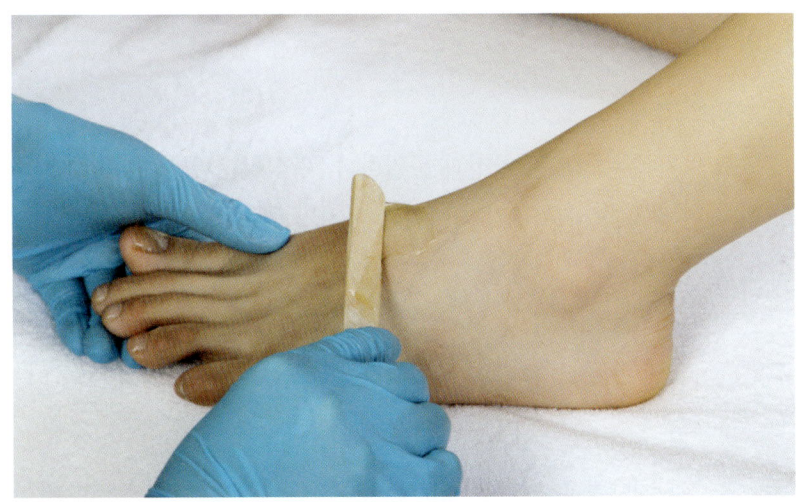

● 발에 왁스 바르기

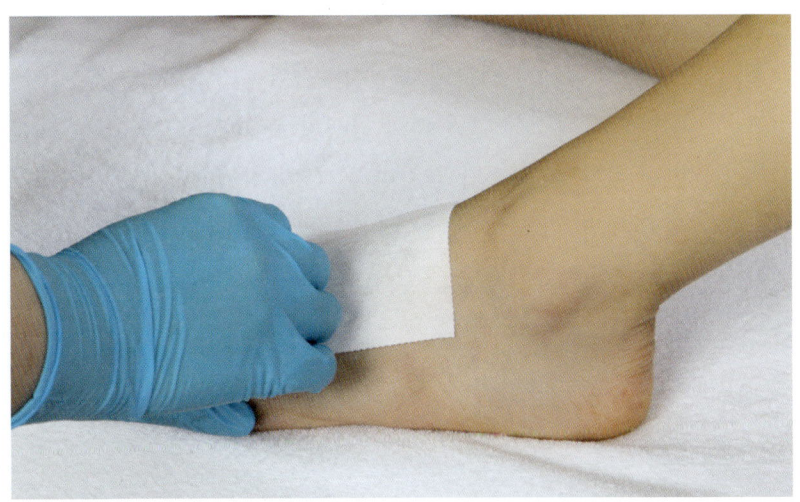

● 발 스트립 왁싱

<u>7</u> 스트립을 제거한 즉시 다른 한 손으로 왁싱 부위를 재빨리 눌러 통증을 완화시켜 준다.

<u>8</u> 왁싱오일을 사용하여 왁스 잔여물을 제거해 준다.

<u>9</u> 제거되지 않은 모발을 확인한 후 트위저를 사용하여 모발 성장 방향으로 제거해 준다.

<u>10</u> 피부 진정 전문제품을 사용하여 피부를 진정시킨다.

<u>11</u> 왁싱 전용 모공수축제(마무리 제품)를 사용하여 모공을 수축하고 피부를 보습한다.

❷ 하드 왁싱

(1) 고객의 자세

고객의 자세는 스트립 왁싱과 동일하다. 왁싱할 부위를 따뜻하게 해야 한다. 만약발이 차면 왁스가 너무 빨리 식어서 부서지기 쉽고 제모도 성공적으로 되지 않는다.

(2) 시술 순서

<u>1</u> 왁싱 전용 유·수분 제거제를 사용하여 왁싱할 부위를 정돈한다.

<u>2</u> 클렌징 겸 소독제를 사용하여 왁싱할 부위를 깨끗이 소독한 후 그 부위를 건조시킨다.

<u>3</u> 왁스 탈착용 오일을 소량만 도포해준다. 많은 양을 사용하면 왁스를 밀착시키는 데 방해가 된다.

<u>4</u> 스파츌라를 사용하여 왁스를 떠서 시술자 손목 안쪽에 온도를 테스트 한다.

<u>5</u> 새끼발가락에서 시작해서 엄지발가락 쪽으로 도포한다.

<u>6</u> 주걱으로 왁스를 한번 퍼서 왁싱할 부위에 모발이 난 반대 방향으로 빠르게 한번 바른 후 왁스가 굳자마자, 식기 전에 가능한 한 피부 가까이에서 모발의 반대 방향으로 재빨리 떼어내고 그 부위를 즉시 눌러준다.

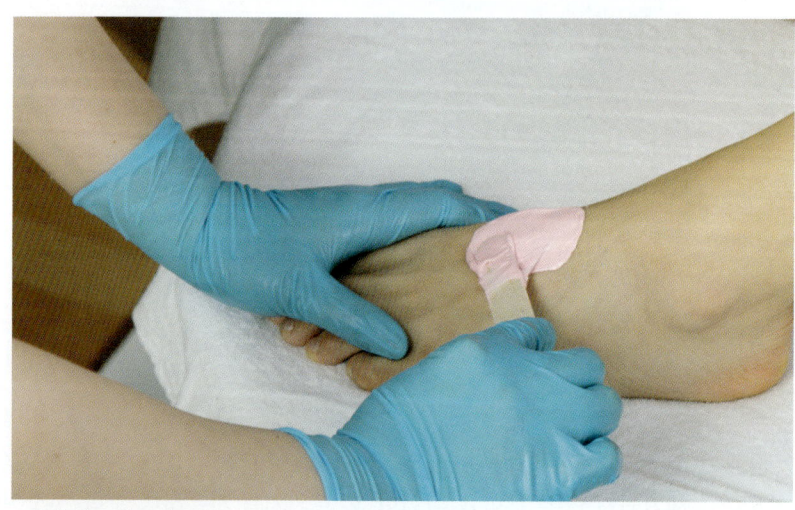

● 발에 하드 왁스 바르기

<u>7</u> 왁싱오일을 사용하여 왁스 잔여물을 제거해준다.

<u>8</u> 확대경을 사용하여 제거되지 않은 체모를 확인한 후 트위저를 사용하여 모발 성장 방향으로 제거해준다.

9 피부 진정 전문제품을 사용하여 피부를 진정시킨다.
10 왁싱 전용 모공수축제(마무리 제품)를 사용하여 모공을 수축하고 피부를 보습한다.

7. 어깨, 등 왁싱

- 어깨와 등 부분이 노출된 옷을 입을 때 과도한 모발로 인해 부끄러워하거나 불편해 하는 고객과 웨딩관리 시 신부들에게 권할 만한 시술이다.
- 등은 매우 민감해서 처음에 작은 부위만 작업해야 한다. 항상 작은 부위를 패치로 실험해 봐서 피부의 반응을 확인해야 한다. 잠깐 기다려서 심한 반응이 나타나지 않았을 때만 시술할 수 있다.
- 어깨 부분에서 스파츌라를 다루는 기술이 필요하다. 어깨의 둥근 부분에 왁스를 안전하게 도포하려면 스파츌라 각을 유지한 채로 왁스를 얇고 평평하고 부드럽게 발라야 한다.

❶ 스트립 왁싱

(1) 고객의 자세

고객의 자세는 어깨 부분만 왁싱할 때는 앉거나 엎드리게 하고 등 전체를 왁싱할 때는 엎드리도록 한다. 머리는 헤어밴드로 고정시키고 모발이 너무 길다면 시술하기 전에 미리 다듬어 둔다.

(2) 시술 순서

오른쪽이나 왼쪽 중 한 부위를 나누어서 먼저 시술하고 다른 쪽으로 시술한다. 모발의 성장 방향을 잘 확인한 후 등 전체를 왁싱할 때 등을 4부분으로 나누고 작은 부위부터 작업하고 차례로 시술한다.

1 왁싱 전용 유·수분 제거제를 사용하여 왁싱할 부위를 정돈한다.
2 클렌징 겸 소독제를 사용하여 왁싱할 부위를 깨끗이 소독한 후 그 부위를 건조시킨다.

3   스파츌라를 사용하여 왁스를 떠서 시술자 손목 안쪽에 온도를 테스트 한다.
4   모발의 성장 방향을 잘 확인한 후 모발의 성장 방향으로 왁스를 얇게 바르며, 바르지 않는 부위에 왁스가 흘러내리지 않도록 조심해서 바른다.
5   제거를 위하여 스트립을 약 1인치 정도 남겨 놓고 잘 밀착시킨다.
6   스트립을 모발 방향과 반대 방향으로 잡아당겨서 제거한다. 스트립을 약 45° 각도로 제거한다.
7   스트립을 제거한 즉시 다른 한 손으로 왁싱 부위를 재빨리 눌러 통증을 완화시켜준다.
8   왁싱오일을 사용하여 왁스 잔여물을 제거해준다.
9   확대경을 사용하여 제거되지 않은 모발을 확인한 후 트위저를 사용하여 모발 성장 방향으로 제거해준다.
10 피부 진정 전문제품을 사용하여 피부를 진정시킨다.
11 왁싱 전용 모공수축제(마무리 제품)를 사용하여 모공을 수축하고 피부를 보습한다.

❷ 하드 왁싱

스트립 왁싱보다 시술 시간은 더 많이 소요되나 어깨 부위를 왁싱할 때나 등의 모발이 강하거나 피부가 예민한 고객에게는 권할 만한 시술방법이다.

(1) 고객의 자세

고객의 자세는 스트립 왁싱 때와 같다.

(2) 시술 순서

오른쪽이나 왼쪽 중 한 부위를 나누어서 먼저 시술하고 다른 쪽으로 시술한다. 모발의 성장 방향을 잘 확인한 후 등 전체를 왁싱할 때 등을 4부분으로 나누고 작은 부위부터 작업하고 차례로 시술한다.

1   왁싱 전에 철저하게 씻고 건조시킨다.
2   왁싱 전용 유·수분 제거제를 사용하여 왁싱할 부위를 정돈한다.
3   클렌징 겸 소독제를 사용하여 왁싱할 부위를 깨끗이 소독한 후 그 부위를 건조시킨다.
4   왁스 탈착용 오일을 소량만 도포해준다. 많은 양을 사용하면 왁스를 밀착

시키는 데 방해가 된다.

5 스파츌라를 사용하여 왁스를 떠서 시술자 손목 안쪽에 온도를 테스트한다.
6 주걱으로 왁스를 한 번 퍼서 왁싱할 부위에 모발이 난 반대 방향으로 빠르게 한 번 바른 후 모발이 난 방향으로 반복하여 바른다.
7 굳어진 왁스를 모발 성장 방향과 반대방향으로 잡아당겨서 제거한다.
8 제거한 즉시 다른 한 손으로 왁싱 부위를 재빨리 눌러 통증을 완화시켜 준다.
9 왁싱오일을 사용하여 왁스 잔여물을 제거해 준다.
10 확대경을 사용하여 제거되지 않은 모발을 확인한 후 트위저를 사용하여 모발 성장 방향으로 제거해 준다.
11 고객에게 거울을 주어서 여러분의 작업을 검사하게 한다.
12 피부 진정 전문제품을 사용하여 피부를 진정시킨다.
13 왁싱 전용 모공수축제(마무리 제품)를 사용하여 모공을 수축하고 피부를 보습한다.
14 고객의 헤어밴드를 제거한다.

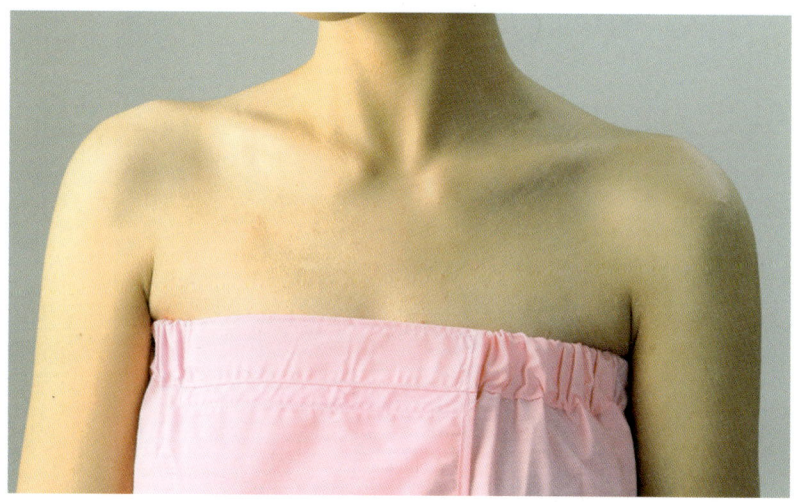

● 어깨 왁싱 후

8. 목 뒤 왁싱

업스타일의 헤어스타일을 연출하거나 짧은 헤어스타일을 연출하고자 할 때 불필요하게 모발이 목선까지 내려온 경우 목이 짧아 보여 고객의 만족도가 떨어지게 된다. 이런 경우에 하드 왁싱으로 목 뒤 부분의 불필요한 모발을 제거한다면 고객의 만족도가 높아질 것이다.

1 하드 왁싱

(1) 고객의 자세

헤어밴드와 헤어핀을 사용하여 고객의 머리를 잘 고정한 뒤 편하게 의자에 앉게 한다. 이때 미리 시술할 고객에게 거울을 주고 고객과 함께 원하는 왁싱 부위를 결정해야 한다.

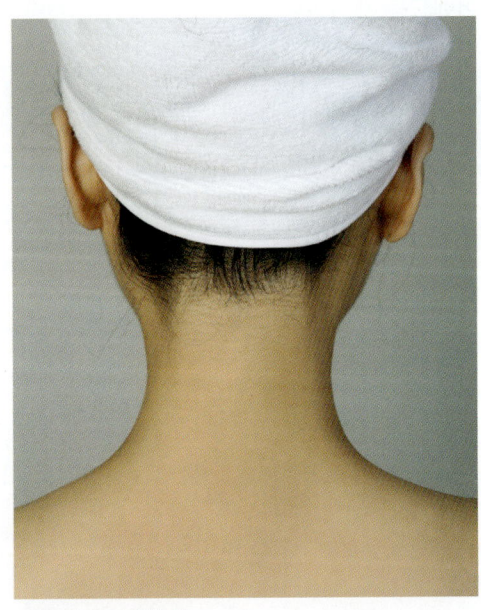

● 목 뒤 하드 왁싱 전

(2) 시술 순서

목 뒤 라인이 너무 인위적으로 보이지 않도록 유의하며 제거될 부분의 모발은 1/4인치 길이만 남기고 가위를 사용하여 자른다. 왁스 도포 시에는 한쪽 면에 먼저 왁스를 도포하고 왁스가 굳는 동안 다른 쪽에 왁스를 도포한다.

<u>1</u> 고객에게 거울을 주고 제거될 모발이 정확하게 어딘지에 대해서 의논한다.

2 　왁싱할 부위를 깨끗이 소독한 후 그 부위를 건조시킨다.

3 　왁싱 전용 유·수분 제거제를 사용하여 왁싱할 부위를 정돈한다.

4 　클렌징 겸 소독제를 사용하여 왁싱할 부위를 깨끗이 소독한 후 그 부위를 건조시킨다.

5 　왁스 탈착용 오일을 소량만 도포해 준다. 많은 양을 사용하면 왁스를 밀착시키는 데 방해가 된다.

6 　스파츌라를 사용하여 왁스를 떠서 시술자 손목 안쪽에 온도를 테스트 한다.

7 　모발의 성장 방향과 반대 방향으로 바른 다음, 즉시 되돌아가서 모발의 성장 방향으로 왁스를 발라 준다. 깨끗한 제거를 위해서는 왁스를 가장자리가 깔끔하고 고르게 되도록 발라야 한다.

8 　모발 성장 방향과 반대 방향으로 잡아당겨서 제거한다. 다른 손으로 그 부위를 재빨리 눌러 신경 통증을 차단한다.

9 　왁싱오일을 사용하여 왁스 잔여물을 제거해 준다.

10 　제거되지 않은 모발을 확인한 후 트위저를 사용하여 모발 성장 방향으로 제거해 준다.

11 　고객에게 거울을 주어서 왁싱 시술의 결과를 확인하게 한다.

12 　피부 진정 전문제품을 사용하여 피부를 진정시킨다.

13 　왁싱 전용 모공수축제(마무리 제품)를 사용하여 모공을 수축하고 피부를 보습한다.

14 　고객의 헤어밴드를 제거한다.

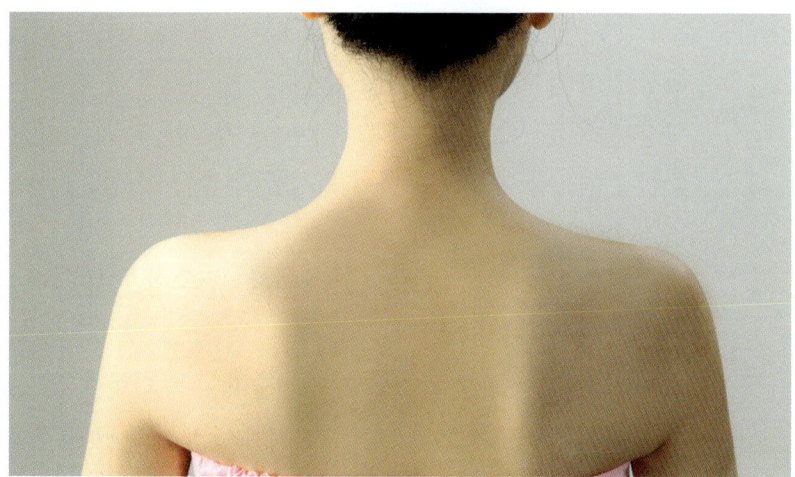

● 목 뒤 하드 왁싱 후

9. 복부 왁싱

고객의 피부가 늘어져 있거나 특히 임신과 출산 후라면, 시술 시 고객이 피부를 팽팽하게 당겨주면 불편한 정도를 줄일 수 있다. 복부의 모발은 양쪽 옆에서 안쪽으로 자라서 중심부에서 만나는데, 여기서 아래쪽으로 자라기 시작한다. 배꼽 주위와 위쪽은 모발이 안쪽으로 배꼽을 향해 자란다. 배꼽 주변에서 시작하여 모발을 제거한다. 그 부위에 왁스를 바르는데, 한 번에 1인치만 바르고 처음에는 모발 반대방향으로, 다음엔 모발 방향으로 위에 까지 바른다. 중심을 향해서 가장자리를 들어 올려 자유로운 손으로 피부를 팽팽하게 당기고 하드스트립을 가능한 한 피부 가까이에서 모발 반대 방향으로 잡아당긴다. 당겨내고 난 후 즉시 눌러 준다. 팬티라인 위까지 가까워질 때까지 아래로 계속한다. 모발이 미세하면 왁스를 모발 방향으로 제거하여도 되는데, 불필요하고 불규칙하게 모발이 다시 자라는 것을 예방할 수 있다. 만약 고객이 배꼽 피어싱을 했다면, 배꼽 주변 부위가 찢어지는 것을 예방하기 위해서 피어싱 후 약 2달 정도 회복될 때까지 왁싱을 하면 안 된다.

❶ 하드 왁싱

(1) 고객의 자세
복부의 모발을 제거하기 위해서는 고객이 등을 대고 평평하게 눕도록 한 뒤 팬티의 윗부분을 종이타올로 덮는다.

(2) 시술 순서
1. 왁싱 전에 철저하게 씻고 건조시킨다.
2. 왁싱 전용 유·수분 제거제를 사용하여 왁싱할 부위를 정돈한다.
3. 클렌징 겸 소독제를 사용하여 왁싱할 부위를 깨끗이 소독한 후 그 부위를 건조시킨다.
4. 왁스 탈착용 오일을 소량만 도포해준다. 많은 양을 사용하면 왁스를 밀착시키는 데 방해가 된다.
5. 스파츌라를 사용하여 왁스를 떠서 시술자 손목 안쪽에 온도를 테스트 한다.
6. 주걱으로 왁스를 한번 떠서 왁싱할 부위에 모발이 난 반대 방향으로 빠르게 한번 도포한 후 모발이 난 방향으로 반복하여 도포한다.
7. 굳어진 하드 왁스를 모발 성장 방향과 반대 방향으로 잡아당겨서 제거한다.

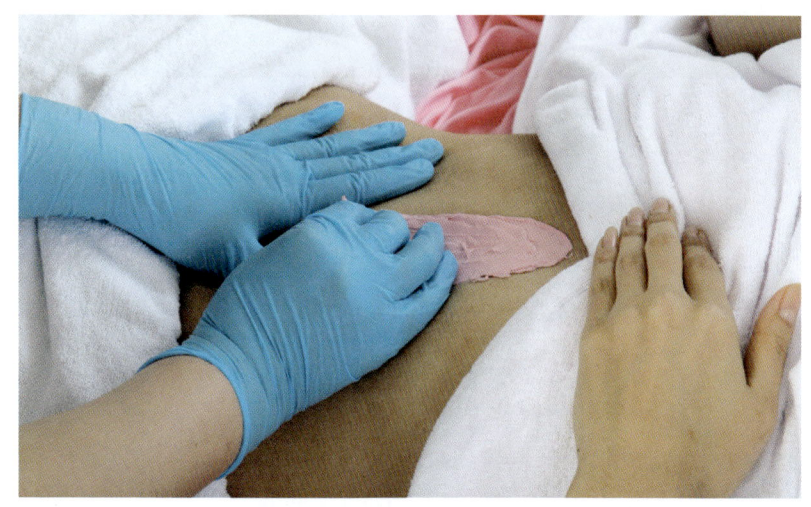

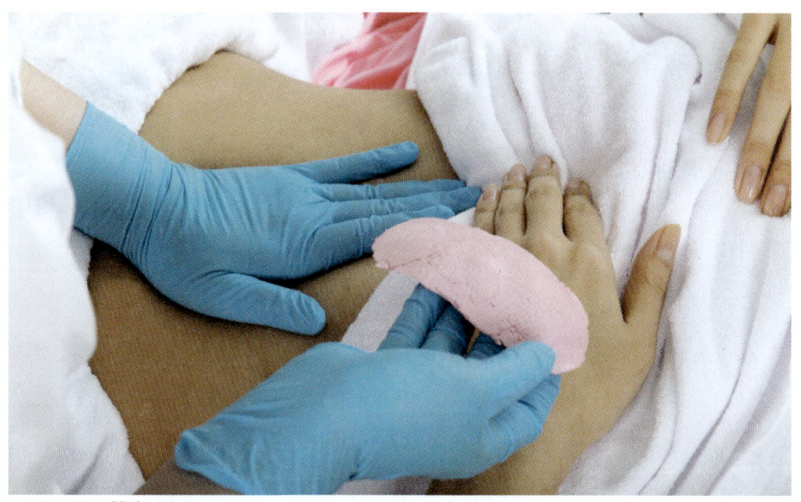

● 복부 하드 왁싱

<u>8</u>   제거한 즉시 다른 한 손으로 왁싱 부위를 재빨리 눌러 통증을 완화시켜 준다.

<u>9</u>   왁싱오일을 사용하여 왁스 잔여물을 제거해 준다.

<u>10</u>   확대경을 사용하여 제거되지 않은 모발을 확인한 후 트위저를 사용하여 모발 성장 방향으로 제거해 준다.

<u>11</u>   고객에게 거울을 주어서 시술자의 작업을 검사하게 한다.

<u>12</u>   피부 진정 전문제품을 사용하여 피부를 진정시킨다.

<u>13</u>   왁싱 전용 모공수축제(마무리 제품)를 사용하여 모공을 수축하고 피부를 보습한다.

10. 윗입술 주변 왁싱

- 입술 위의 모발은 그림자를 만들어서 깨끗하지 못한 인상을 주며, 특히 폐경기 여성들에게서 많이 볼 수 있다. 그래서 윗입술 주변에 모발이 나는 것을 '폐경기 콧수염'이라고도 부른다. 입술 부위는 매우 민감하다. 왁싱 시술을 하고 난 후 빨개지거나 다소 부을 수 있다. 이 부위에서 왁스를 제거할 때는 특별히 조심해야 한다.
- 입술 옆 라인의 왁싱을 위해 같은 넓이의 두 부분과 코 밑의 인중 부분인 3부분으로 시술 부위가 나뉜다. 이 부분의 모발은 입술 라인을 따라 약간 기울어져 아래쪽과 바깥쪽으로 자란다. 하지만, 코 밑에서는 똑바로 아래 방향으로 자란다.

❶ 스트립 왁싱

(1) 고객의 자세

고객을 편하게 의자에 기대게 하거나 시술 테이블에 눕힌다.

(2) 시술 순서

1. 왁싱 전용 유·수분 제거제를 사용하여 왁싱할 부위를 정돈한다.
2. 클렌징 겸 소독제를 사용하여 왁싱할 부위를 깨끗이 소독한 후 그 부위를 건조시킨다.
3. 스파츌라를 사용하여 왁스를 떠서 시술자 손목 안쪽에 온도를 테스트 한다. 이때 작은 스파츌라를 사용하는 것이 편리하다.
4. 같은 넓이의 두 부분으로 나누거나 코 밑 인중 부분에도 모발이 나 있다면 3부분으로 나누어 도포한다.
5. 모발의 성장 방향을 잘 확인한 후 모발의 성장 방향으로 왁스를 얇게 바르며, 바르지 않는 부위에 왁스가 흘러내리지 않도록 조심해서 바른다.
6. 제거를 위하여 스트립을 약 1인치 정도 남겨 놓고 잘 밀착시킨다.
7. 스트립을 모발 성장 방향과 반대 방향으로 잡아당겨서 제거한다. 스트립을 약 45° 각도로 제거한다.
8. 스트립을 제거한 즉시 다른 한 손으로 왁싱 부위를 재빨리 눌러 통증을 완화시켜준다.

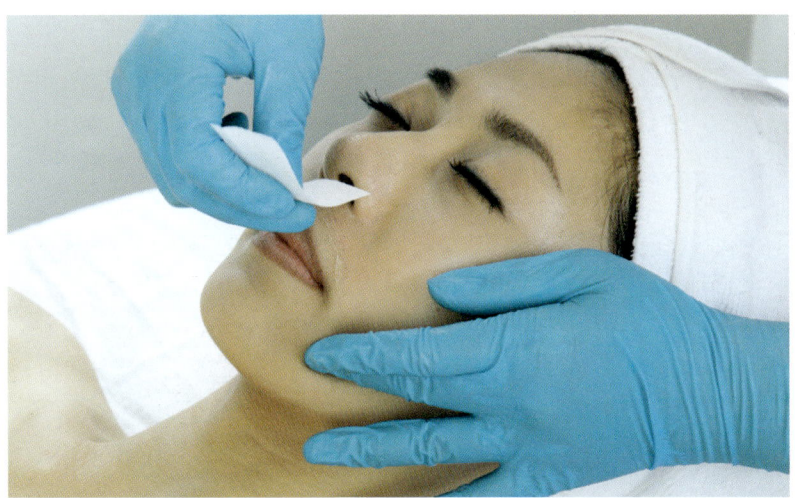

● 윗입술 주변 스트립 왁싱

9. 왁싱오일을 사용하여 왁스 잔여물을 제거해준다.
10. 확대경을 사용하여 제거되지 않은 모발을 확인한 후 트위저를 사용하여 체모 성장 방향으로 제거해준다.
11. 고객에게 거울을 주어서 시술자의 작업을 검사하게 한다.
12. 피부 진정 전문제품을 사용하여 피부를 진정시킨다.
13. 왁싱 전용 모공수축제(마무리 제품)를 사용하여 모공을 수축하고 피부를 보습한다.

❷ 하드 왁싱

(1) 고객의 자세

스트립 왁싱과 동일하다.

(2) 시술 순서

1. 왁싱 전용 유·수분 제거제를 사용하여 왁싱할 부위를 정돈한다.
2. 클렌징 겸 소독제를 사용하여 왁싱할 부위를 깨끗이 소독한 후 그 부위를 건조시킨다.
3. 왁스 탈착용 오일을 소량만 도포해준다. 많은 양을 사용하면 왁스를 밀착시키는 데 방해가 된다.
4. 스파츌라를 사용하여 왁스를 떠서 시술자 손목 안쪽에 온도를 테스트 한다. 이때 작은 스파츌라를 사용하는 것이 편리하다.

5 같은 넓이의 두 부분으로 나누거나 코 밑의 인중 부분에도 모발이 나 있다면 3부분으로 나누어 도포한다. 주걱으로 왁스를 한 번 퍼서 왁싱할 부위에 체모가 난 반대 방향으로 빠르게 한 번 도포한 후 모발이 난 방향으로 반복하여 도포한다.

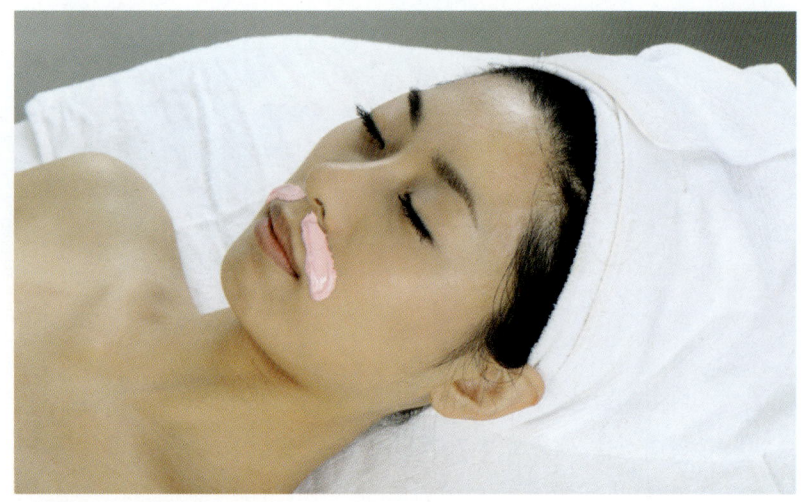

● 윗입술 주변 하드 왁스 바르기

6 굳어진 왁스를 모발의 성장 방향과 반대 방향으로 잡아당겨서 제거한다.

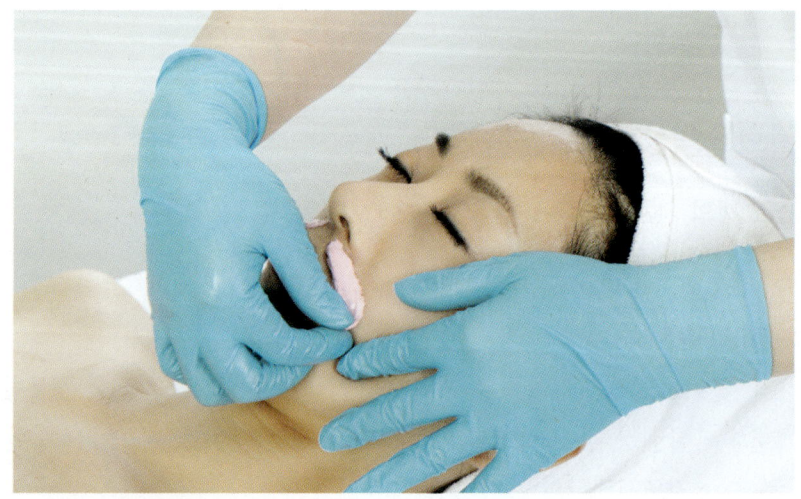

● 윗입술 하드 왁스 제거

7 제거한 즉시 다른 한 손으로 왁싱 부위를 재빨리 눌러 통증을 완화시켜 준다.
8 왁싱오일을 사용하여 왁스 잔여물을 제거해 준다.

9 확대경을 사용하여 제거되지 않은 체모를 확인한 후 트위저를 사용하여 체모 성장 방향으로 제거해준다.
10 고객에게 거울을 주어서 시술자의 작업을 검사하게 한다.
11 피부 진정 전문제품을 사용하여 피부를 진정시킨다.
12 왁싱 전용 모공수축제(마무리 제품)를 사용하여 모공을 수축하고 피부를 보습한다.

11. 눈썹 왁싱

(1) 눈썹 모양은 얼굴 전체의 인상을 결정하는 매우 중요한 부분이다. 왁싱 시술을 하기 전에 시술자는 고객이 원하는 눈썹 형태에 대하여 충분히 의논해야 하며, 또한 고객의 얼굴에 맞는 눈썹 형태를 권하고 정확하게 시술할 수 있어야 한다.
(2) 숙련된 눈썹 다듬는 기술을 위해서는 특별한 지시 사항을 따라야 하고 고객 각각의 얼굴 모양에 맞는 눈썹 모양으로 윤곽을 잡아야 한다.
(3) 눈썹 위의 모발을 제거하면 아치 모양의 윤곽을 강조하는 데 도움을 줄 수 있다.

여러 가지 눈썹의 형태

- 기본형 : 가장 무난하고 많이 그리는 눈썹형이다.
- 직선형 : 활동적이며 남성적인 눈썹형으로 긴 얼굴형에 어울린다.
- 각진형 : 세련되고 지적인 눈썹으로 둥근 얼굴형에 어울린다.
- 아치형 : 여성적이고 우아한 눈썹으로 역삼각형이나 이마가 넓은 사람에게 어울린다.
- 화살형 : 야성적이며 역동적인 눈썹으로 삼각형이나 둥근 얼굴형에 어울린다.

(4) 기본 눈썹형을 그리는 방법

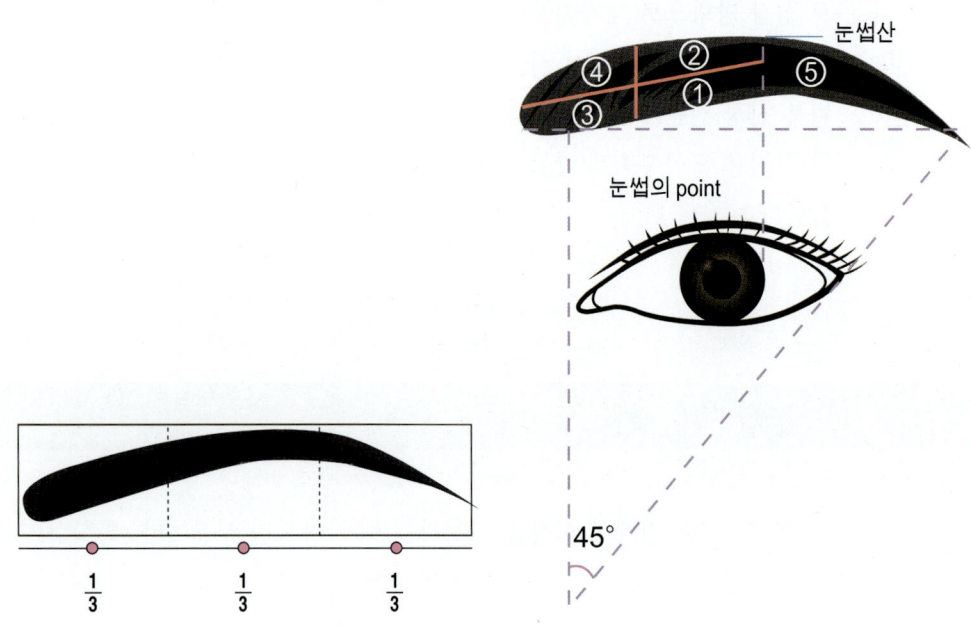

● 기본 눈썹형

- 눈썹을 정리한 후에 에보니 펜슬 또는 브러쉬를 사용하여 눈썹이 난 방향으로 한 올 한 올 심듯이 공을 들여 그린다.
- ①을 눈썹의 포인트라 하며(눈썹이 가장 많이 나는 부분, 골격이 가장 많이 들어가고 그림자가 진하게 진다) ①을 중심으로 시작하여 눈썹산을 향해 그려 준다.
- 눈썹산부터 ②번을 향해 ①번, ②번을 향해 그리면서 ⑤번을 마지막으로 정리해 준다.
- 완성된 상태를 보면 ①번이 가장 진하고 ②번과 ③번, ④번, ⑤번순으로 강약을 표현한다.
  - 눈썹머리의 위치 : 눈머리와 콧망울이 일직선이 되는 곳에서 눈 앞머리보다 약간 앞쪽이 되게 한다.
  - 눈썹꼬리의 위치 : 눈썹의 끝은 앞머리 보다 처지지 않도록 하고 눈썹꼬리는 콧망울과 45° 각도를 이루는 지점에서 끝난다.
  - 눈썹산의 위치 : 눈의 검은 동자 바깥쪽을 직선으로 올렸을 때의 위치로 눈썹의 가장 높은 부분이다. 눈썹을 그린 후에는 눈썹 브러쉬로 빗어 주어 자연스럽게 한다.

1 스트립 왁싱

(1) 고객의 자세

고객을 편하게 의자에 기대게 하거나 시술 테이블에 눕힌 뒤 헤어밴드를 사용하여 고객의 머리를 정돈한다. 스파츌라는 가장 작은 것을 사용한다.

(2) 시술 순서

1 아이 메이크업 리무버(Eye makeup remover)로 메이크업을 지운다.
2 눈썹모양을 결정하고, 눈썹을 눈썹 솔을 이용하여 빗질한다.

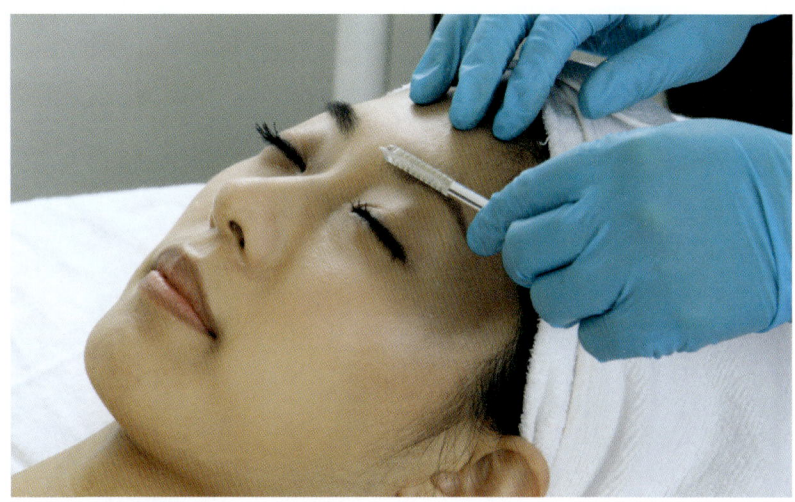

● 눈썹 솔로 빗질하기

3 과도한 모발을 제거할 필요가 있는 곳에 에보니 펜슬을 사용해서 표시해둔다.
4 고객에게 거울을 주고 정확하게 제거될 모발이 어딘지에 대해서 의논한다.
5 클렌징 겸 소독제를 사용하여 왁싱할 부위를 깨끗이 소독한 후 그 부위를 건조시킨다.
6 스파츌라를 사용하여 왁스를 떠서 시술자 손목 안쪽에 온도를 테스트 한다.
7 눈썹의 성장 방향을 잘 확인한 후 모발의 성장 방향으로 왁스를 얇게 바르며, 바르지 않는 부위에 왁스가 흘러내리지 않도록 조심해서 바른다.
8 제거를 위하여 스트립을 약 1인치 정도 남겨 놓고 잘 밀착시킨다.
9 스트립을 모발 성장 방향과 반대 방향으로 잡아당겨서 제거한다. 스트립을 약 45° 각도로 제거한다. 다른 손으로 그 부위를 재빨리 눌러 신경 통증을 차단한다.

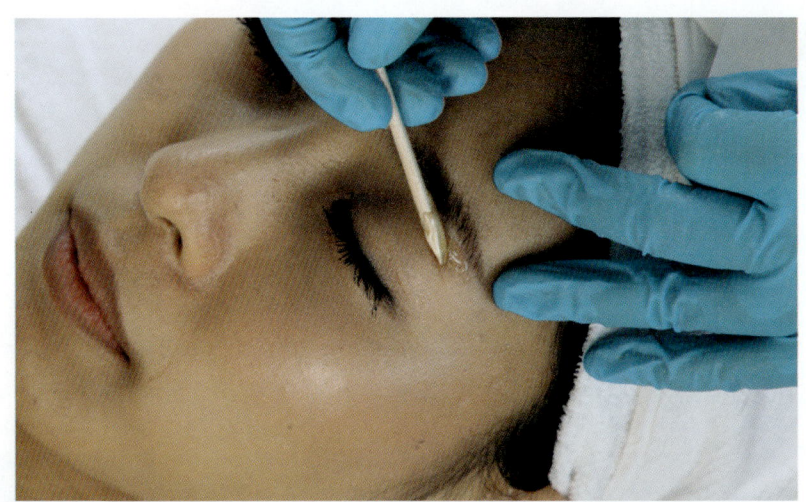

● 눈썹 소프트 왁스 바르기

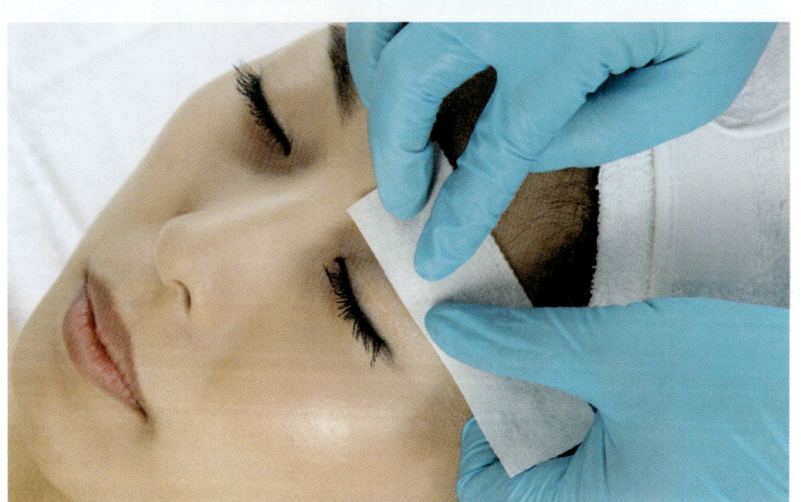

● 눈썹 스트립 왁싱

10 왁싱오일을 사용하여 왁스 잔여물을 제거해 준다.
11 시술자의 작업을 확대 램프로 확인한다. 남아 있는 모발을 트위저를 사용하여 눈썹의 성장 방향으로 제거해 준다.
12 고객에게 거울을 주어서 왁싱 시술의 결과를 확인하게 한다.
13 피부 진정 전문제품을 사용하여 피부를 진정시킨다.
14 왁싱 전용 모공수축제(마무리 제품)를 사용하여 모공을 수축하고 피부를 보습한다.
15 고객의 헤어밴드와 헤어 캡을 제거한다.

❷ 하드 왁싱

(1) 고객의 자세

자세는 스트립 왁싱과 동일하다.

(2) 시술 순서

1. 아이 메이크업 리무버(Eye makeup remover)로 메이크업을 지운다.
2. 눈썹모양을 결정하고, 눈썹을 눈썹 솔을 이용하여 빗질한다.
3. 과도한 모발을 제거할 필요가 있는 곳에 에보니 펜슬을 사용해서 표시해 둔다.
4. 고객에게 거울을 주고 정확하게 제거될 모발이 어딘지에 대해서 의논한다.
5. 클렌징 겸 소독제를 사용하여 왁싱할 부위를 깨끗이 소독한 후 그 부위를 건조시킨다.
6. 왁스 탈착용 오일을 소량만 도포해준다. 많은 양을 사용하면 왁스를 밀착시키는 데 방해가 된다.
7. 스파츌라를 사용하여 왁스를 떠서 시술자 손목 안쪽에 온도를 테스트 한다.
8. 눈썹 아래 부분 전체에 왁스를 발라준다. 먼저 눈썹의 성장 방향과 반대 방향으로 눈썹 아래쪽을 바른 다음, 즉시 되돌아가서 눈썹의 성장 방향으로 왁스를 발라준다. 왁스를 바른 부위의 피부가 보이지 않을 정도의 적정한 두께와 도포가 필요하다. 깨끗한 제거를 위해서는 왁스를 가장자리가 깔끔하고 고르게 되도록 발라야 한다.

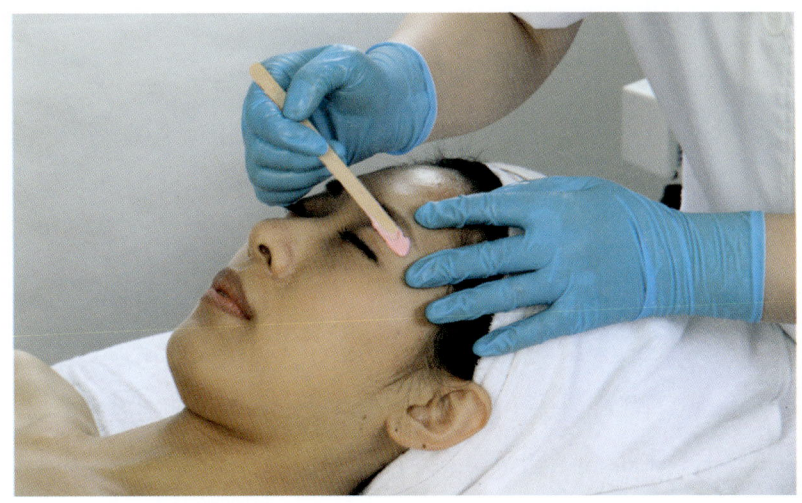

● 눈썹 하드 왁스 바르기

<u>9</u> 눈썹 성장 방향과 반대 방향으로 잡아당겨서 제거한다. 다른 손으로 그 부위를 재빨리 눌러 신경 통증을 차단한다.

<u>10</u> 왁싱오일을 사용하여 왁스 잔여물을 제거해준다.

<u>11</u> 시술자의 작업을 확대 램프로 확인한다. 남아있는 트위저를 사용하여 눈썹의 성장 방향으로 제거해준다.

<u>12</u> 고객에게 거울을 주어서 왁싱시술의 결과를 확인하게 한다.

<u>13</u> 왁싱오일을 사용하여 왁스 잔여물을 제거해준다.

<u>14</u> 피부 진정 전문제품을 사용하여 피부를 진정시킨다.

<u>15</u> 왁싱 전용 모공수축제(마무리 제품)를 사용하여 모공을 수축하고 피부를 보습한다.

<u>16</u> 고객의 헤어밴드를 제거한다.

12. 남성 눈썹 왁싱

흔히 '일자눈썹'이라고 하는 미간 부위는 눈썹 아래 부위와 마찬가지로 시술할 수 있는데 길고 헝클어진 눈썹은 먼저 가위로 깨끗이 다듬어 준다. 주의할 점은 남성의 눈썹을 지나치게 왁싱하여 여성처럼 보이지 않도록 하는 것이다.

 하드 왁싱

(1) 고객의 자세

고객을 편하게 의자에 기대게 하거나 시술 테이블에 눕힌 뒤 헤어밴드를 사용하여 고객의 머리를 정돈한다.

(2) 시술 순서

<u>1</u> 눈썹모양을 결정하고, 눈썹을 눈썹 솔을 사용하여 빗질한다.

<u>2</u> 길고 헝클어진 눈썹은 먼저 가위로 깨끗이 다듬어 준다.

<u>3</u> 고객에게 거울을 주고 제거될 모발이 정확하게 어딘지에 대해서 의논한다.

<u>4</u> 클렌징 겸 소독제를 사용하여 왁싱할 부위를 깨끗이 소독한 후 그 부위를 건조시킨다.

5 왁스 탈착용 오일을 소량만 도포해준다. 많은 양을 사용하면 왁스를 밀착시키는 데 방해가 된다.

6 스파츌라를 사용하여 왁스를 떠서 시술자 손목 안쪽에 온도를 테스트 한다.

7 눈썹 아래 부분 전체에 왁스를 발라준다. 먼저 눈썹의 성장 방향과 반대 방향으로 눈썹 아래쪽을 바른 다음, 즉시 되돌아가서 눈썹의 성장 방향으로 왁스를 발라준다. 왁스를 바른 부위의 피부가 보이지 않을 정도의 적정한 두께와 도포가 필요하다. 깨끗한 제거를 위해서는 왁스를 가장자리가 깔끔하고 고르게 되도록 발라야 한다.

8 양쪽을 다 끝낸 후에 중앙으로 옮겨간다. 남성은 눈썹이 항상 눈 가장자리 안쪽에서 시작되어야 하므로 미간에 있는 모발은 왁싱한다.

9 눈썹 성장 방향과 반대 방향으로 잡아당겨서 제거한다. 다른 손으로 그 부위를 재빨리 눌러 신경 통증을 차단한다.

10 왁싱오일을 사용하여 왁스 잔여물을 제거해준다.

11 시술 작업을 확대 램프로 확인한다. 남아있는 모발을 트위저를 사용하여 눈썹의 성장 방향으로 제거해준다.

12 고객에게 거울을 주어서 왁싱 시술의 결과를 확인하게 한다.

13 피부 진정 전문제품을 사용하여 피부를 진정시킨다.

14 왁싱 전용 모공수축제(마무리 제품)를 사용하여 모공을 수축하고 피부를 보습한다.

13. 이마라인 왁싱

- 이마라인 왁싱은 고객의 이마라인이 비대칭이거나 좁은 이마를 가졌을 때, 고객이 원하는 이미지에 맞는 이마라인을 만들고자 할 때 간단하게 시술할 수 있는 방법이다.
- 시술할 고객에게 거울을 주고 전문가가 고객과 함께 원하는 이마라인을 결정하고 제거될 부분의 모발은 1/4인치 길이만 남기고 가위를 사용하여 자른다.
- 이마라인 왁싱은 작은 스파츌라를 사용하여 여러 부분으로 나누어 왁싱하는 방법이 원하는 이마라인으로 수정하기에 좋다.

❶ 하드 왁싱

● 이마라인 왁싱 전

(1) 고객의 자세

고객을 편하게 의자에 기대게 하거나 시술 테이블에 눕힌 뒤 헤어밴드를 사용하여 고객의 머리를 정돈한다.

(2) 시술 순서

1. 과도한 모발을 제거할 필요가 있는 곳에 에보니 펜슬을 사용해서 표시해둔다.
2. 고객에게 거울을 주고 정확하게 제거될 모발이 어딘지에 대해서 의논한다.
3. 왁싱 전용 유·수분 제거제를 사용하여 왁싱할 부위를 정돈한다.
4. 클렌징 겸 소독제를 사용하여 왁싱할 부위를 깨끗이 소독한 후 그 부위를 건조시킨다.
5. 스파츌라를 사용하여 왁스를 떠서 시술자 손목 안쪽에 온도를 테스트 한다.
6. 모발의 성장 방향과 반대 방향으로 바른 다음, 즉시 되돌아가서 모발의 성장 방향으로 왁스를 발라준다. 깨끗한 제거를 위해서는 왁스를 가장자리가 깔끔하고 고르게 되도록 발라야 한다.
7. 모발 성장 방향과 반대 방향으로 잡아당겨서 제거한다. 다른 손으로 그 부위를 재빨리 눌러 신경 통증을 차단한다.
8. 왁싱오일을 사용하여 왁스 잔여물을 제거해준다.

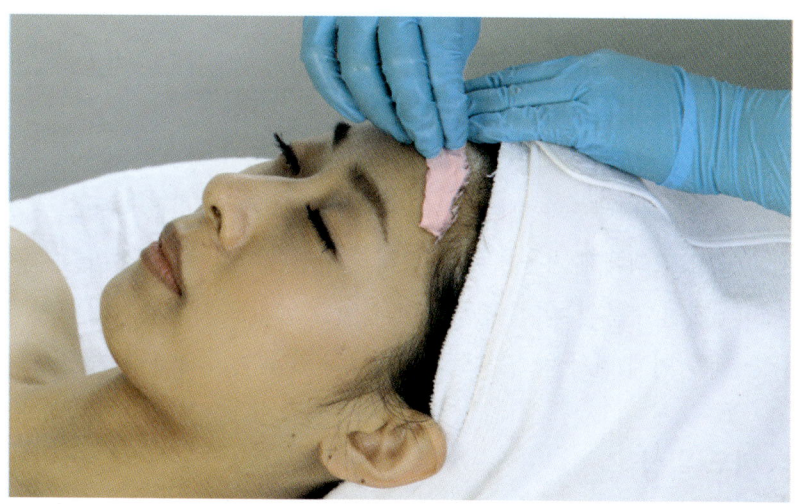

● 이마라인 하드 왁스 제거

9 시술자의 작업을 확대 램프로 확인한다. 남아 있는 모발을 트위저를 사용하여 모발의 성장 방향으로 제거해 준다.

10 고객에게 거울을 주어서 왁싱 시술의 결과를 확인하게 한다.

11 피부 진정 전문제품을 사용하여 피부를 진정시킨다.

12 왁싱 전용 모공수축제(마무리 제품)를 사용하여 모공을 수축하고 피부를 보습한다.

13 고객의 헤어밴드를 제거한다.

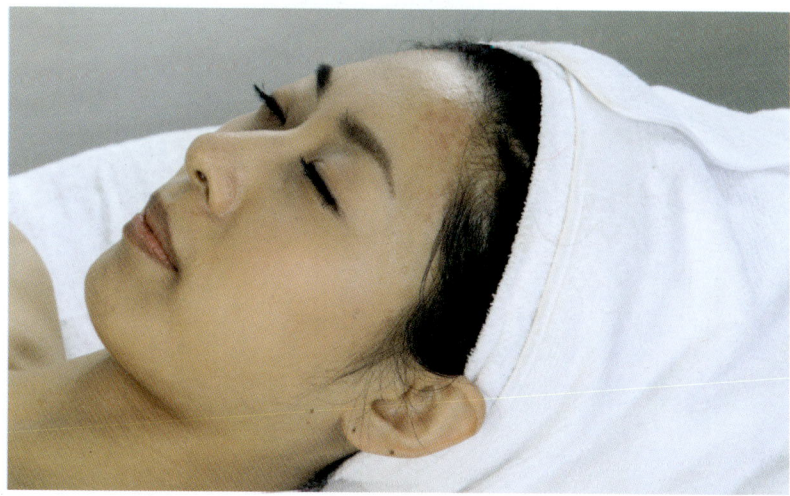

● 이마라인 왁싱 후

14. 얼굴 측면 왁싱

- 제모를 원하는 얼굴 양쪽 면의 헤어를 양쪽이 다르지 않도록 똑같은 양으로 나눈다. 헤어밴드와 헤어핀을 사용하여 고객의 머리를 뒤쪽으로 잘 고정한 뒤 시술할 고객에게 거울을 주고 고객과 함께 원하는 왁싱 부위를 결정한다.
- 제거될 부분의 헤어는 1/4인치 길이만 남기고 가위를 사용하여 자른다.
- 한쪽 면에 먼저 왁스를 도포하고 왁스가 굳는 동안 다른 쪽 왁스를 도포한다.

❶ 하드 왁싱

(1) 고객의 자세

고객을 편하게 의자에 기대게 하거나 시술 테이블에 눕힌다.

(2) 시술 순서

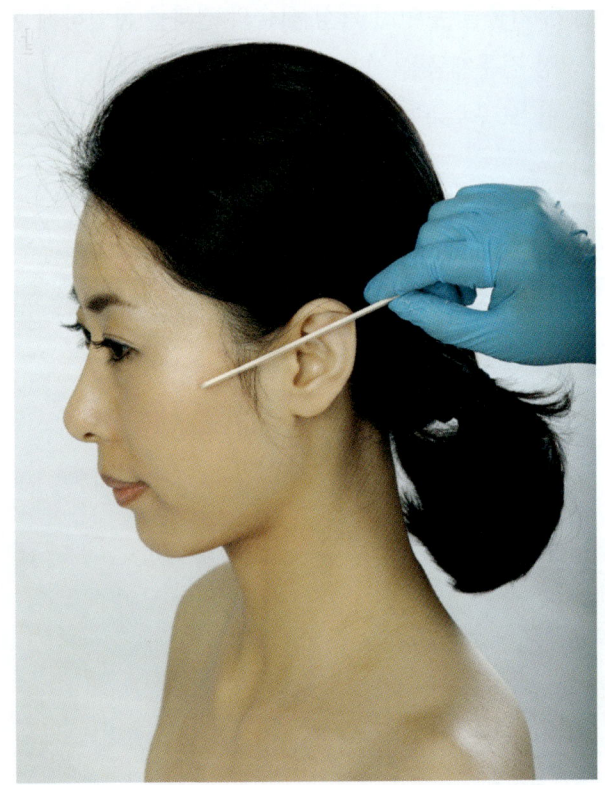

● 얼굴 측면 하드 왁싱

1 고객이 메이크업을 하고 온 경우 메이크업을 깨끗이 제거한다.
2 고객에게 거울을 주고 제거될 모발이 정확하게 어딘지에 대해서 의논한다.
3 왁싱 전용 유·수분 제거제를 사용하여 왁싱할 부위를 정돈한다.
4 클렌징 겸 소독제를 사용하여 왁싱할 부위를 깨끗이 소독한 후 그 부위를 건조시킨다.
5 왁스 탈착용 오일을 소량만 도포해준다. 많은 양을 사용하면 왁스를 밀착시키는 데 방해가 된다.
6 스파츌라를 사용하여 왁스를 떠서 시술자 손목 안쪽에 온도를 테스트 한다.
7 모발의 성장 방향과 반대 방향으로 바른 다음, 즉시 되돌아가서 모발의 성장 방향으로 왁스를 발라준다. 깨끗한 제거를 위해서는 왁스를 가장자리가 깔끔하고 고르게 되도록 발라야 한다.
8 굳어진 하드 왁스를 모발 성장 방향과 반대 방향으로 잡아당겨서 제거한다. 다른 손으로 그 부위를 재빨리 눌러 신경 통증을 차단한다.
9 왁싱오일을 사용하여 왁스 잔여물을 제거해준다.
10 시술자의 작업을 확대 램프로 확인한다. 남아있는 모발을 트위저를 사용하여 모발의 성장 방향으로 제거해준다.
11 고객에게 거울을 주어서 왁싱 시술의 결과를 확인하게 한다.
12 피부 진정 전문제품을 사용하여 피부를 진정시킨다.
13 왁싱 전용 모공수축제(마무리 제품)를 사용하여 모공을 수축하고 피부를 보습한다.
14 고객의 헤어밴드를 제거한다.

15. 얼굴 전체 왁싱

- 고객의 얼굴 전체에 잔털이 나 있어서 화장이 잘 되지 않거나, 깨끗한 이미지를 줄 수 없다면 불만을 가질 수 있다. 이럴 때 얼굴 왁싱이 필요하다. 그러나 이 방법은 고객의 피부 상태를 잘 파악하고 있어야 하며, 사후 관리 또한 철저히 해주어야 한다.

- 눈썹이나 윗입술 왁싱은 얼굴 마사지를 하는 동안에도 할 수 있지만, 얼굴 왁싱은 클렌징을 하고, 부드럽게 각질을 제거한 후에 해야 한다. 각질제거를 심하게 하였거나 모발을 뽑았다면 왁싱을 하면 안 된다. 마스크는 진정과 보습용이어야 한다.

1 하드 왁싱

(1) 고객의 자세

헤어 캡과 헤어밴드로 머리카락을 잘 정리하여 고객을 편하게 시술 테이블에 눕힌다.

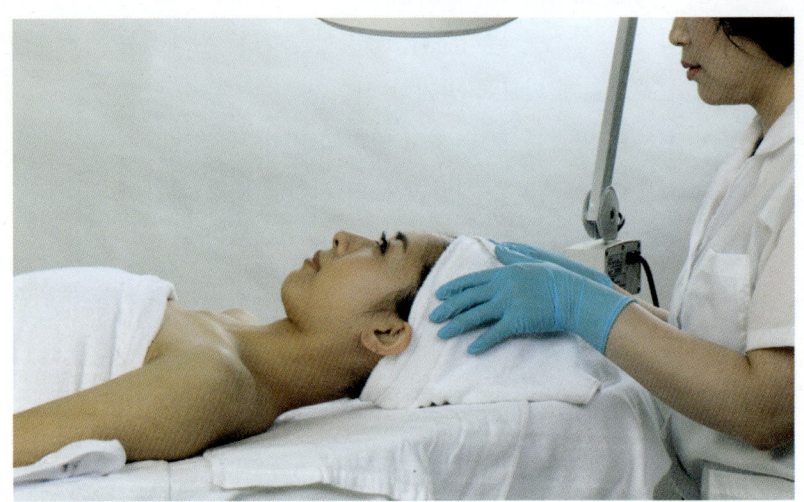

● 얼굴 왁싱 시술하기 전 준비된 모습

(2) 시술 순서

1. 고객이 메이크업을 하고 온 경우 메이크업을 깨끗이 제거한다.
2. 왁싱 전용 유·수분 제거제를 사용하여 부드럽게 각질을 제거하여 왁싱할 부위를 정돈한다.
3. 왁싱할 부위를 깨끗이 소독한 후 그 부위를 건조시킨다.
4. 왁스 탈착용 오일을 소량만 도포해준다. 많은 양을 사용하면 왁스를 밀착시키는 데 방해가 된다.
5. 스파츌라를 사용하여 왁스를 떠서 시술자 손목 안쪽에 온도를 테스트 한다.
6. 깨끗한 제거를 위해서는 왁스의 가장자리가 깔끔하고 고르게 되도록 발라야 한다. 작은 부분으로 나누어 바른다.

7 굳어진 하드 왁스를 모발 성장 방향과 반대 방향으로 잡아당겨서 제거한다.

8 다른 손으로 그 부위를 재빨리 눌러 신경 통증을 차단한다.

9 왁싱오일을 사용하여 왁스 잔여물을 제거해준다.

10 시술자의 작업을 확대 램프로 확인한다. 남아있는 모발을 트위저를 사용하여 모발의 성장 방향으로 제거해준다.

11 고객에게 거울을 주어서 왁싱 시술의 결과를 확인하게 한다.

12 피부 진정 전문제품을 사용하여 피부를 진정시킨다.

13 진정과 보습용 마스크를 해준다.

14 고객의 헤어밴드를 제거한다.

16. 비키니 왁싱

- 비키니 부위의 시술에서는 정숙의 문제와 상처를 입기 쉽기 때문에 시술자의 전문 행위의 기준이 매우 중요하다. 자신감과 전문성이 최우선이다. 쾌활하고 자신감 있는 전문가의 태도가 고객의 마음을 편안하게 해줄 것이다.
- 고객과 시술자가 제거해야 할 모발과 남겨두어야 할 모발을 명확히 아는 것이 중요하다. 팬티라인까지 이어지는 모든 부위에 왁싱 시술을 하고 나면 대퇴부 아래에서 자라나는 모발을 제거할 수 있다.

❶ 비키니 왁싱의 다양한 종류

(1) 비키니 라인

모발을 가장 적게 제거하는 형태이다. 비키니에 가려지는 모발은 제거하지 않고 그대로 놔둔다. 다리 라인이 높게 파인 수영복을 입어도 흉하지 않게 수영복 양쪽으로 삐져나온 모발만 제거한다.

(2) 삼각형 스타일

성기 바로 위로 역 이등변 삼각형 모양의 모발만 남긴 채 나머지는 모두 제거한다.

(3) 아트 스타일

색다른 디자인으로 왁싱을 하기도 하는데 하트, 기업 로고, 황소의 눈, 과녁, 혹은 이니셜 모양 등을 따라 손질한다.

(4) 브라질 스타일 또는 프렌치 스타일

브라질 또는 프렌치 스타일의 비키니 왁싱은 약간의 줄을 남겨두고 앞뒤로 모든 모발을 제모하는 왁싱 방법으로 좁은 모양으로 디자인된 옷을 입어야 하는 패션모델들 사이에서 인기 있는 스타일이다. 다리 라인이 하도 높게 파여 비키니의 다리 사이가 얇은 끈 정도 너비 밖에 되지 않는 수영복이 처음 등장했던 브라질 리우의 코파카바나 해변에서 유행하기 시작했다. 그 후 일곱 명의 브라질 자매(J.Sisters 라고도 알려져 있다)가 뉴욕 맨해튼에 미용실을 열어 이 스타일의 음모 제거 서비스를 제공하기 시작했다. 영화배우와 유명한 톱 모델들이 이 미용실을 찾기 시작했고 이곳은 곧 음모 제거의 메카로 떠오르게 된다. 이 자매들이 유명해짐에 따라 이들의 고국인 브라질의 이름을 따 '브라질 스타일'이라 부르게 된다. 이 스타일을 모방한 다른 미용실에서 각각 나름대로의 기준으로 음모를 제거했기 때문에 음모를 얼마만큼 남기는 것이 브라질 스타일이냐를 두고 혼선이 빚어졌다. 이에 대해 브라질 자매들은 브라질 스타일은 '얇은 줄 모양만 남기고 나머지는 모두 제거하는 것'이라고 명확한 정의를 내렸다.

(5) 스핑크스 스타일 또는 할리우드 스타일

'모발을 깡그리 없애는' 스타일로 완전히 매끈매끈한 피부만 남기는 왁싱 방법이다. 스핑크스라는 이름은 모발이 하나도 나지 않는 캐나다산 고양이에서 유래되었다. 매끈한 피부를 가진 무모증의 스핑크스 고양이는 유전적으로 희귀한 종으로 1966년 캐나다 토론토에서 발견되었다. 일부 미용실은 '스핑크스' 대신 '할리우드'라고 명명하기도 한다.

비키니 왁싱 시 주의할 점

- 왁싱 시술을 하기 전에 음모 부위를 확실히 건조시킨다.
- 음모 부위에 통증이 생기지 않도록 관리 뒤에 손바닥으로 압력을 가한다.
- 왁스 스트립을 잡아당기기 전에 피부를 가능한 팽팽하게 유지하고 항상 모발 성장의 반대 방향으로 잡아당겨야 한다.
- 불편함을 최소화하기 위하여 매우 민감한 부분에 차가운 얼음 팩을 적용시킬 수도 있다.

❷ 프렌치 스타일 비키니 스트립 왁싱

(1) 고객의 자세

    ① 고객은 긴장 없이 편안한 상태에 있어야 한다.

    ② 고객과 절차를 이야기하고 얼마나 많은 모발을 제거할 것인지 의논한다. 고객에게 일회용 비키니 팬티를 주거나 고객의 다리사이에 깨끗한 수건을 놓고 수건의 끝을 배 부위에 기대어 놓고 피부에 팽팽하도록 유지한다.

    ③ 민감한 부위의 피부와 모발을 잘 분석해야 한다.

    ④ 고객에게 왁스가 묻지 않도록 하고, 자유로운 손은 허벅지 바깥쪽 가장자리에서 피부를 팽팽하게 당긴다.

    ⑤ 허벅지 바깥쪽 가장자리 부위의 피부를 팽팽하게 잡도록 손을 그쪽 끝부분에 단단히 올려놓고 가능한 한 피부 가까이에서 하드 왁스 스트립을 신속히 당긴다. 움직임을 짧게 끊어서는 안 된다. 대신에 처음부터 끝까지 그 움직임을 따라간다. 너무 빨리 들어 올리면 고객에게 불편을 주고 멍이 들 수도 있고, 왁스가 부서질 수도 있다. 불편을 줄이도록 즉시 눌러주어야 한다.

    ⑥ 고객은 얼굴을 위로한 채로 테이블에 누워서 다리를 V자 모양으로 한다.

    ⑦ 고객의 한 다리는 쭉 펴게 하고 다른 쪽 발바닥을 무릎 높이에 올려 놓는다.

(2) 시술 순서

    <u>1</u>   고객에게 거울을 주고 제거될 모발이 정확하게 어딘지에 대해서 의논한다.

    <u>2</u>   만약 모발이 너무 길어서 말려져 있다면 1/2인치까지 다듬는다.

    <u>3</u>   민감한 부위를 철저히 씻어내고 두드려 건조시킨다.

    <u>4</u>   왁싱 전용 유·수분 제거제를 사용하여 왁싱할 부위를 정돈한다.

    <u>5</u>   클렌징 겸 소독제를 사용하여 왁싱할 부위를 깨끗이 소독한 후 그 부위를 건조시킨다.

    <u>6</u>   스파츌라를 사용하여 왁스를 떠서 시술자 손목 안쪽에 온도를 테스트 한다.

    <u>7</u>   모발의 성장 방향을 잘 확인한 후 모발의 성장 방향으로 왁스를 얇게 바르며, 바르지 않는 부위에 왁스가 흘러내리지 않도록 조심해서 바른다.

    <u>8</u>   제거를 위하여 스트립을 약 1인치 남겨 놓고 잘 밀착시킨다.

    <u>9</u>   스트립을 모발 성장 방향과 반대 방향으로 잡아당겨서 제거한다. 스트립을 약 45도 각도로 제거한다. 다른 손으로 그 부위를 재빨리 눌러 신경통증을 차단한다.

    10   왁싱 오일을 사용하여 왁스 잔여물을 제거해준다.
    11   시술자의 작업을 확대 램프로 확인한다. 남아 있는 모발을 트위저를 사용하여 모발의 성장 방향으로 제거해준다.
    12   고객에게 거울을 주어서 왁싱 시술의 결과를 확인하게 한다.
    13   피부 진정 전문제품을 사용하여 피부를 진정시킨다.
    14   왁싱 전용 모공수축제(마무리 제품)를 사용하여 모공을 수축하고 피부를 보습한다.

❸ 프렌치 스타일 비키니 하드 왁싱

(1) 고객의 자세

고객의 자세는 스트립 왁싱과 동일하다.

(2) 시술 순서

    1   고객에게 거울을 주고 제거될 모발이 정확하게 어딘지에 대해서 의논한다.
    2   만약 모발이 너무 길어서 말려져 있다면 1/2인치까지 다듬는다.
    3   민감한 부위를 철저히 씻어내고 두드려 건조시킨다.
    4   왁싱 전용 유·수분 제거제를 사용하여 왁싱할 부위를 정돈한다.
    5   클렌징 겸 소독제를 사용하여 왁싱할 부위를 깨끗이 소독한 후 그 부위를 건조시킨다.
    6   왁스 탈착용 오일을 소량만 도포해준다. 많은 양을 사용하면 왁스를 밀착시키는 데 방해가 된다.
    7   스파츌라를 사용하여 왁스를 떠서 시술자 손목 안쪽에 온도를 테스트 한다.
    8   깨끗한 제거를 위해서는 왁스의 가장자리가 깔끔하고 고르게 되도록 발라야 한다. 작은 부분으로 나누어 바른다.
    9   굳어진 하드 왁스를 모발 성장 방향과 반대 방향으로 잡아당겨서 제거한다.
    10   다른 손으로 그 부위를 재빨리 눌러 신경통증을 차단한다.
    11   왁싱 오일을 사용하여 왁스 잔여물을 제거해준다.
    12   시술자의 작업을 확대 램프로 확인한다. 남아 있는 모발을 트위저를 사용하여 모발의 성장 방향으로 제거해준다.
    13   고객에게 거울을 주어서 왁싱 시술의 결과를 확인하게 한다.

14 피부 진정 전문제품을 사용하여 피부를 진정시킨다.
15 왁싱 전용 모공수축제(마무리 제품)를 사용하여 모공을 수축하고 피부를 보습한다.

④ 스핑크스 스타일 비키니 왁싱

(1) 고객의 자세
　① 고객의 자세는 프렌치 스타일 비키니 왁싱과 동일하다.
　② 엉덩이 사이의 모발을 제거하기 위한 자세는 두 가지가 있다. 시술자와 고객이 서로 편한 자세를 만들어 낸다. 첫 번째 자세는 고객이 등을 대고 편평하게 누워서 무릎을 가슴까지 올려 두 발바닥을 함께 맞댄다. 고객이 한 손으로 다리 사이의 양발을 잡을 수가 있어 다른 손은 팬티를 옆으로 움직이도록 자유롭게 둔다. 두 번째 자세는 고객이 무릎을 대고 엎드려 한 팔뚝을 자신의 몸 앞쪽으로 테이블에 두고 다른 한 손은 팬티를 이쪽저쪽으로 움직이고 엉덩이를 벌리게 한다.

(2) 시술 순서
1　고객에게 거울을 주고 제거될 모발이 정확하게 어딘지에 대해서 의논한다.
2　만약 모발이 너무 길어서 말려져 있다면 1/2인치까지 다듬는다.
3　민감한 부위를 철저히 씻어내고 두드려 건조시킨다.
4　왁싱 전용 유·수분 제거제를 사용하여 왁싱할 부위를 정돈한다.
5　클렌징 겸 소독제를 사용하여 왁싱할 부위를 깨끗이 소독한 후 그 부위를 건조시킨다.
6　왁스 탈착용 오일을 소량만 도포해준다. 많은 양을 사용하면 왁스를 밀착시키는 데 방해가 된다.
7　스파츌라를 사용하여 왁스를 떠서 시술자 손목 안쪽에 온도를 테스트 한다.
8　깨끗한 제거를 위해서는 왁스의 가장자리가 깔끔하고 고르게 되도록 발라야 한다. 작은 부분으로 나누어 바른다.
9　엉덩이 사이에는 스트립 왁스를 사용해도 효과적이지만 하드 왁스가 더 선호된다. 왁스를 위로 모발 반대 방향으로 바르고, 다음엔 엉덩이 안쪽 가장 아래 부분에 있는 작은 부분까지 바른다. 한 손은 엉덩이에 두고 하드 왁스 스트립을 가능한 피부 가까이에서 재빨리 위로 잡아당긴다. 그 다음 같은

방식으로 다음 부분에 왁스를 바르고 엉덩이 안쪽의 한쪽 부위의 모발이 다 제거될 때까지 계속한다.

10 마지막 순서는 음순 주변의 모발을 제거하는 것이다. 음순의 모발 방향은 안쪽이므로 이 방향으로 당길 때는 모발 반대 방향인 바깥쪽으로는 할 수 없다. 하드 왁스를 가지고 모든 방향에서 바를 수 있으므로 모발의 기둥까지 완전히 덮을 수 있다. 왁스가 굳고 수축되면 모발을 단단히 붙잡아 음순의 섬세한 피부에서 왁스를 떼어낼 수가 있다.

11 다른 손으로 그 부위를 재빨리 눌러 신경통증을 차단한다.

12 왁싱 오일을 사용하여 왁스 잔여물을 제거해 준다.

13 시술자의 작업을 확대 램프로 확인한다. 남아 있는 모발을 트위저를 사용하여 모발의 성장 방향으로 제거해 준다.

14 고객에게 거울을 주어서 왁싱 시술의 결과를 확인하게 한다.

15 피부 진정 전문제품을 사용하여 피부를 진정시킨다.

16 왁싱 전용 모공수축제(마무리 제품)를 사용하여 모공을 수축하고 피부를 보습한다.

waxing management
왁싱 매니지먼트

part 4

왁싱 비즈니스

Chapter 1.
고객 상담

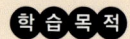 고객에게 왁싱 시술에 관한 전문적이고 올바른 정보를 제공하고 전달하는 것은 왁싱 시술에 관한 전문가적인 태도이며 또한 직업상의 자존심과 신뢰감으로 나타난다. 왁싱 시술 시 금기 사항과 금기 약품에 관한 사항은 반드시 고객에게 인지시켜야 한다. 처음에 고객들은 금기 사항과 금기 약품에 관하여 알게 되고 왁싱 시술이 지금 당장 가능하지 않다는 것에 당황하게 될지도 모른다. 그러나 왁싱 시술이 가능한 시점이 되면 다시 그 왁싱 전문가를 찾아올 것이고 더 신뢰할 것이다.

1. 고객 상담

고객 상담 내용에는 다음과 같은 것들이 있다.

(1) 왁싱해야 할 모발이 Virgin 모발이라면 최소한 1/4인치는 되어야 한다. Virgin 모발은 이전에 시술을 받은 적이 없거나 다시 자란 미세모발인 경우에 해당된다.

(2) 면도를 하였거나 거친 모발이라면 1/2인치 길이는 되어야 하는데, 면도 후 약 10일에서 14일 후에 해당된다.

(3) 가능하면 고객은 시술을 받기 전에 살로 파고든 모발을 4일에서 일주일 정도 당겨 나오게 해야 한다. 모발이 모낭에 남아 있어서 모낭이 치료가 되고 정상적이 되어야 한다.

(4) 왁싱하기 전에 딥클렌징 제품으로 신체 부위를 닦아줄 것을 권하지만, 시술 받는 날에는 너무 자극을 주므로 닦으면 안 된다.

(5) 시술 받은 부위의 붉은 부분이 완전히 가라앉을 때까지 24시간 전후는 선탠을 피한다.

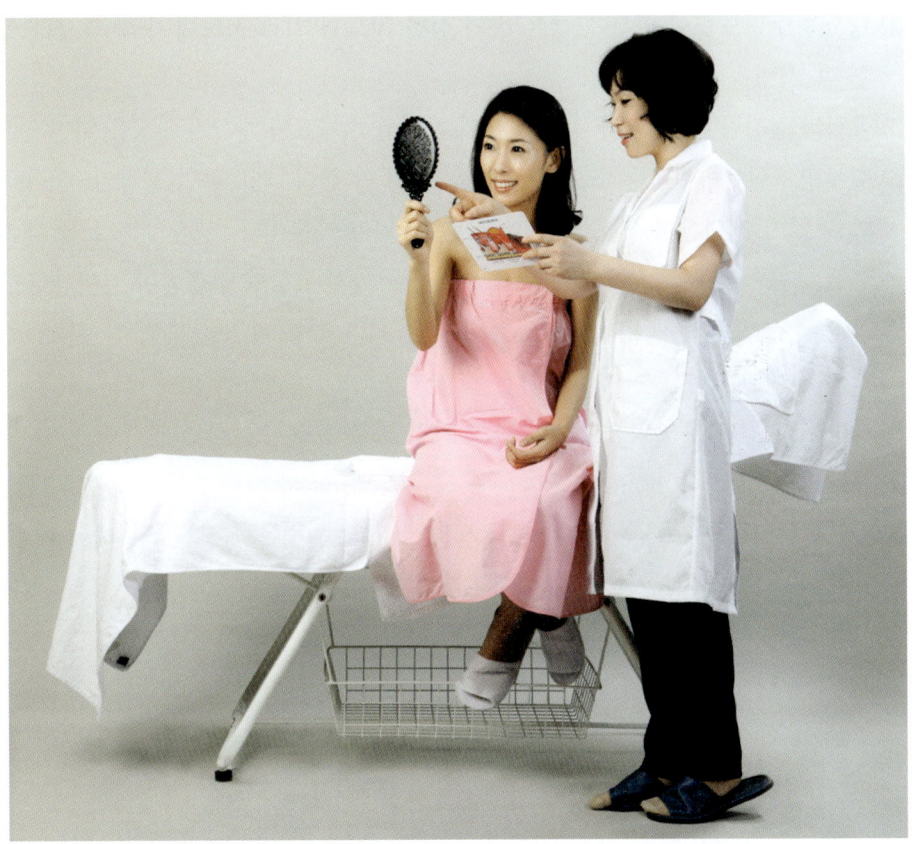

● 고객 상담

2. 왁싱 시 금기 사항 및 금기 약품

🗨 왁싱 시 금기 사항

(1) 쉽게 타박상을 입는 순환장애는 왁싱을 하지 않는다.
(2) 암치료 : 화학요법이나 방사선 치료는 민감성을 높일 수가 있다. 마지막 암치료를 받고나서 6주까지 기다리는 것이 좋다.
(3) 간질 : 간질은 오랜 기간 동안 억제되고 쉽게 타박상을 일으키지 않는 약제를 사용하는 경우가 아니라면 금기 사항이 된다. 그러므로 왁싱 서비스를 받기 전에 의사의 승인이 있어야 한다. 전문가는 의사의 소견서를 받고 고객의 서명을 받아야 한다.

(4) 당뇨병 : 당뇨병이 있는 고객은 병의 심한 정도와 치료 정도에 대해 의사와 상담을 한 후 서명을 해야 한다.

(5) 골절과 접질림 : 골절이나 접질린 부위는 완전히 치료될 때까지 왁싱을 하면 안 된다.

(6) 혈우병 : 혈우병이 있는 고객은 왁싱을 하면 안 된다. 왜냐하면 생장기(Anagen) 모발을 많이 제거할 때 출혈이 일어날 수도 있기 때문이다. 생장기 모발을 제거하면 혈액 흐름이 피부의 모유두까지 가는 것을 막아서 모낭에서 출혈이 일어난다.

(7) 포진, 단순포진 : 헤르페스가 있는 고객은 심할 때는 왁싱을 하면 안 된다. 왁싱을 하기 전에 예방 치료를 해야 한다.

(8) 염증이 생긴 피부 : 염증이나 발진이 생긴 피부는 왁싱을 하면 안 된다.

(9) 흉터 : 켈로이드(Keloid)를 포함하여 모든 흉터조직에는 왁싱을 해서는 안 된다.

(10) 피부의 민감도 부족 : 피부의 민감도가 떨어지는 것은 심장병, 당뇨병, 여러 가지 경화증으로 인해 생긴 순환 장애 때문일 수 있다. 이런 고객들은 화상, 상처, 감염의 위험이 높아지므로 왁싱을 하면 안 된다.

(11) 낭창 : 가벼운 정도의 낭창이 있거나 왁싱을 할 부위에 발진이 보이지 않는다면 왁싱을 할 수는 있지만 권하지는 않는다. 적어도 이런 고객들은 의사의 상담을 받고 서명을 해야 한다.

(12) 검은 점, 쥐젖(Skin tag), 사마귀 : 모든 검은 점은 왁싱을 피해야 한다. 반점으로 의심되는 것이나, 크기·모양·색깔이 암의 전조가 되는 것, 거기서 모발이 자라나는 등의 사마귀는 의사의 허락 없이는 왁싱을 하면 안 된다.

(13) 임신 : 임신한 고객에게 비키니 부위나 다른 어떤 부위라도 왁싱을 하는 것이 본질적으로 잘못된 것은 없다. 그러나 양 당사자가 공동으로 판단을 해야 하며 포기각서에 서명을 해야 한다. 만약 임신한 고객이 위험성이 높다고 여기고, 고혈압이나 불안증이 있으면 왁싱을 피하는 것이 좋다. 만약 고객이 반듯하게 누운 채로 20분 이상 왁싱을 해야 하는 부위라면 고객은 출산 후까지 기다려야 한다. 모체가 반듯하게 누운 채로 장시간을 견디면 태아에게 산소가 부족해진다. 모체가 왁싱 서비스를 받으면 태아에게 해롭다는 기록은 없지만 법률소송의 가능성은 남아 있다. 최종 결과는 의사의 허락을 받는 것이고 고객이 책임 면제 각서에 서명을 해야 한다.

(14) 햇볕 화상 : 햇볕 화상 부위는 왁싱을 하면 안 된다. 그런 부위는 완전히 치료를 해야 한다.

(15) 생리 전후 민감한 상태에서는 왁싱을 하지 않는다.
(16) 확장된 정맥 부위에는 왁싱을 하지 않는다.
(17) 피부의 감각이 없어 둔한 곳에는 왁싱을 하지 않는다.
(18) 태양빛 노출, 태닝 베드 : 피부에 태양으로 인한 화상을 입었다면 어떤 왁싱도 안 된다.
(19) 활동성 바이러스 : 왁싱을 하지 않는다.
(20) 실리신산, 알파하이드록시산, 효소 : 피부타입과 상태에 따라 왁싱 3일전 중단한다. 피부 상태에 따라 3~4일 후에 다시 사용한다.
(21) 감염되었거나 자극을 받은 피부에는 왁싱을 해서는 안 된다.
(22) 레틴 A(Retin-A)나 어큐테인(Accutane)과 디페린(Differin)과 같은 여드름 방지 약 처방을 사용하고 있거나 강한 각질제거 치료를 받았으면 얼굴 왁싱은 금지된다.
(23) 피부장애(습진, 지루, 건선) : 피부가 손상되어 있을 때 왁싱을 하면 안 된다.
(24) 고객들은 적어도 24시간 동안 왁싱한 부위에 향수 제품을 바르지 말아야 한다.

❷ 왁싱 시 금기 약품

(1) 레틴 A(Retin-A)나 어큐테인(Accutane)과 디페린(Differin) 처방 제품을 사용하는 고객들은 얼굴 왁싱에 분명히 부작용이 있을 것이다. 왜냐하면 이런 제품들은 피부를 약하게 하고 탈수시키기 때문이다. 부작용은 화상을 입은 것과 비슷하고 피부가 부을 수도 있다. 스트립 왁스는 피부에 부착하는 것이기 때문에 사용해서는 안 된다. 하드 왁스는 처방 제품들의 농도나 횟수에 따라 주의해서 사용하면 효과가 있을 수도 있다. 하드 왁스는 피부에 들러붙지는 않지만 굳으면 모발이 붙어서 피부에서 떨어져 나온다. 고객이 AHA를, 특히 글리콜산을 사용하고 있는 부위에는 주의하여 사용해야 하는데, 75% 정도 딱지가 남는다.

(2) 테트라사이클린(Tetracyclin) : 피임약에 들어있는 테트라사이클린은 부작용을 일으킬 수 있다.

(3) 혈전제 : 쿠마딘(Cumadin)과 와파린(Warfarin)을 간질 치료약과 함께 복용하면 쉽게 타박상이 생긴다.

3. 왁싱 상담

❶ 왁싱 상담 시 주의사항

(1) 왁싱을 처음 하러 온 고객과 상담을 하는 것은 매우 도움이 될 뿐만 아니라 특히 얼굴에 왁싱을 할 때는 꼭 필요하다. 새로운 고객이 예약을 할 때는 상담시간을 할애해야 한다. 처음 온 고객에게는 가능하면 30분 이상이 소요되는 왁싱 서비스를 예약하기 전에 15분 가량의 상담시간을 먼저 예약한다. 이렇게 하면 전문가가 그 고객에게 왁싱 시 금기 사항이 있는지, 왁싱 서비스를 받을 수 있는지, 또는 패치 테스트가 필요한지를 알아 낼 수 있다.

(2) 왁싱 상담을 시작할 때, 참고용으로 모발이 자라는 여러 단계를 보여주는 피부관리 차트를 가지고 있는 것이 유용하다. 이 시점에서 전문가는 고객에게 완성된 형태를 설명하고 고객이 관심을 가지는 시술에 대해 확신을 주며 고객에게 어떤 금기 사항이 있는지를 살핀다. 만약 금기 사항이 없다 하더라도 특히 얼굴 왁싱에서는 고객이 왁싱 책임면제 각서에 서명을 하는 것이 중요하다. 이렇게 함으로써 고객은 왁싱에 따르는 위험성을 인식하고, 전문가에게 기록카드에 어떤 변동이 있으면 고지를 해야 하는 책임을 인식할 수 있다.

(3) 다음 상담 과정은 전문가가 고객에게 시술에 어떤 과정이 수반되고 어떤 예상을 할 수 있는지를 알려주고, 더 나은 결과를 얻을 수 있는 조언을 해주는 것이다. 얼굴 왁싱을 할 때는 새로 온 고객에게 얼굴 왁싱이 필요한 특별한 이유가 있는지를 물어보는 것이 중요하다. 고객에게 피부가 빨갛게 되거나 여드름이 생길 수 있다는 것을 분명한 말로 이해시킨다. 특히 모발의 성장과 관련하여 더 심층적으로 다시 설명한다.

(4) 왁싱은 불편감이 없지는 않지만 신속하고 효과적이다. 고객이 마음을 편하게 갖는 것이야 말로 불편함을 최소화하는 것이다.

❷ 왁싱 시술 전 상담

(1) 고객 기록 카드
  ① 올바르게 작성된 고객 기록 카드에는 중요한 정보가 많이 담겨 있으며, 가장 중요한 것은 시술에 금기가 되는 상태에 대한 것이다.

② 신속한 시술인 입술 왁싱이나 눈썹 왁싱을 위해서 방문하는 고객들, 특히 정기적으로 시술을 받는다거나, 멀리서 방문하는 고객들 모두 다 기록 카드를 전체적으로 작성하지는 않는다. 그러나 모든 고객들이 간단한 책임면제 각서는 작성해야 한다. 다시 오는 고객에게 매번 책임면제 각서에 서명하게 하는 것이 중요하다.

③ 고객들은 지속적으로 그들의 피부 관리법에 변화를 주고 글리코산이나 레틴 A(Retin-A) 같은 것들을 새로 복용할 수도 있는데, 이것은 왁싱 시술에 극단적인 반응을 일으키는 것이다. 피부 관리에 어떤 변화가 있는지를 시술자에게 알리는 책임을 고객에게 미룰 수는 없으므로 시술자는 다시 찾아오는 고객에게 그동안 어떤 변화가 있었는지를 물어보고 책임면제 각서에 서명하게 해야 한다.

(2) 얼굴 왁싱 책임면제 각서

① 특히 얼굴에 제모를 위한 왁싱을 하는 것은 위험이 따르는데, 얼굴이 빨갛게 되거나 멍이 들거나 피부가 부어오를 수가 있다. 이런 상태는 어떤 의약품이나 화장품을, 특히 노화방지와 여드름 방지용으로 사용하면 더 악화될 수도 있다. 그 예로는 레티노이드, 레틴 A, Revova, Accutane, 글리코산 같은 알파 하이드록시산이 있다. 이런 제품들을 사용할 때는 얼굴 왁싱을 피해야 한다.

② 어떤 처방 약품, 특히 광민감성 제품을 사용하면서 왁싱을 하면 피부를 악화시킬 수 있다. 이런 예로는 테트라사이클린 같은 항생제와 Warfarin 같은 혈전제가 있는데 이 제품 사용시 멍이 쉽게 생길 수 있다.

③ 미적인 목적이나 피부과 필링 치료를 받고 있는 고객들 역시 왁싱으로 인해 얼굴이 붉어지고 피부가 부어오를 수가 있으므로 이러한 치료를 받고 있는 동안에는 왁싱을 피해야 한다.

④ 태닝 부스를 사용하는 것도 왁싱의 금기가 된다. 왁싱은 태닝 전후 24시간 동안에는 하면 안 된다. 태닝으로 인해 홍반을 보이는 부위에도 왁싱을 하면 안 된다.

⑤ 약리학과 피부과는 지속적으로 변화하고 확대되고 있기 때문에 기록상에 남아있지 않은 왁싱의 부작용을 일으키는 제품과 약품이 있을 수도 있다.

〈고객 기록 카드〉

이름: 성: ☐ 남 ☐ 여   날짜 20 . .
주소:
연락처:

다음에 나열된 질병을 지니고 있습니까?
☐ 혈액순환 장애 ☐ 고혈압 ☐ 심장질환 ☐ 당뇨병 ☐ 천식 ☐ 관절염 ☐ 혈우병 ☐ 포진 ☐ 간질 ☐ 암

피부관리 후 부작용을 보인 적이 있습니까?
☐ 발진 ☐ 염증 ☐ 벗겨짐 ☐ 태양에 민감함 ☐ 뾰루지

현재 피부 질환이 있습니까? 있다면 어떤 것이 있습니까?
☐ 낭창 ☐ 염증 ☐ 벗겨짐 ☐ 태양에 민감함 ☐ 뾰루지

피부에 감각이 없거나 둔한 부분이 있습니까?

피부 이상이 있다면 그 부위는 어디에 있습니까?
예) 상처, 사마귀, 햇볕에 탄 부분
현재 임신 중입니까?

현재 의사의 치료를 받고 있습니까? 그렇다면 어떤 치료인가요?

현재 사용 중인 피부 관리법은 무엇입니까?

지난 48시간 내에 인공태닝을 하였습니까?

최근 레이저 치료나 박피를 받아 본 적이 있습니까?

위의 표시한 것과 나의 피부 상태가 바뀌면 내가 시술자에게 왁싱 시술을 받기 전에 말해야 하는 것이 나의 책임임을 이해한다.

고객 서명 _____
고객 성명 _____
날짜 _____
18세 이하의 경우 부모나 보호자 _____
날짜 _____
시술자 서명 _____
시술자 성명 _____

〈얼굴 왁싱 책임면제 각서〉

【 고객의 인정 】
- 본인은 본 서류의 정보에 대해 읽고 본인에게 제시된 정보를 충분히 이해하였다.
- 왁싱에 부작용을 일으키는 것으로 알려진 제품을 사용하고 있지 않다.
- 왁싱에 부작용을 일으키는 것으로 알려진 피부 관리를 받고 있지 않다.
- 왁싱이 어떤 사소한 위험성이 따른다는 것(얼굴이 붉어짐, 민감한 반응, 멍, 피부가 부어오름)을 알고, 이런 위험과 관련한 모든 책임을 전적으로 본인이 진다.

고객 서명 _____   날짜 _____
고객 성명 _____
18세 이하의 경우 부모나 보호자 _____
시술자 서명 _____
시술자 성명 _____

❸ 왁싱 시술 후 상담

(1) 모발 재생

① 제모된 모발은 왁싱 후 다시 자란다. 시술자는 고객에게 모발 재생이 보통 6주에서 3개월 정도 걸리기는 하지만 부위에 따라 다르고, 모발 재생에 어떤 것이 예상되고 언제 그것이 예상되는지에 관해 알려주는 것이 중요하다. 고객은 처음으로 왁싱 시술을 받고 난 후 시술 후 일주일 만에 모발이 나는 것을 보고 놀랄 수 있다. 이것은 왁싱 시술의 단점 때문이 아니라는 것을 사전에 설명할 필요가 있다.

② 사실 이 모발들은 왁싱 시술 시에 피부 바로 아래에 있던 모발이 새로 생겨난 것이다. 모발을 제거하자마자 모낭이 휴지기에 들어간다. 그러므로 처음 시술하는 고객에게 며칠에서 일주일 뒤에 새로 난 모발을 제거하기 위해 다시 방문하도록 하는 것이 바람직하며, 가능한 같은 주기로 모발을 제거한다.

③ 이는 매달 왁싱 시술을 받는 고객에게도 해당된다. 두 번의 관리를 받기 전에 제거된 모발은 왁싱 시술을 받고 난 후 곧 자라날 것이다. 이를 고객들에게 미리 밝혀서 고객들이 왁싱 시술을 엉터리로 한 것이라고 오해하지 않게 한다.

④ 많은 고객들이 6주 또는 2개월 주기를 지키기가 어려워 왁싱 시술을 매달 예약하고 싶어한다. 시술을 받는 사이에 6주 내지 2달을 기다리게 되어 있는 고객들에게는 첫 번째 왁싱 시술을 한 후 일주일 안에 새로 보이는 생장기(Anagen)

모발을 제거하고 오도록 하여 앞 주에 모발을 제거할 때 모낭이 텔로젠 단계(모발이 성장하다가 정지한 상태)에 가까워지도록 한다. 이렇게 하면 왁싱 시술의 효과가 더 오랫동안 지속될 것이다.

(2) 속으로 파고들어 자라는 모발 관리(Ingrown hair)
① 속으로 파고들어 자라는 모발을 최소한으로 할 수 있도록 시술자들이 사용할 수도 있고 고객에게 판매할 수도 있는 좋은 제품들이 있다. 이런 제품들은 주로 AHA나 살리실산이 다량 함유되어 있다.
② 인그로운 헤어(Ingrown hair)가 생기면 다음과 같은 방법들로 처리할 수 있다.
㉠ 고객이 왁싱 시술을 하기 적어도 14일 전에 가능한 많은 모발을 나오게 하는 것이다. 그런 모발은 살균을 한, 끝이 뾰족한 족집게를 사용하여 가능하면 모낭 구멍 가까이로 나오게 해야 한다. 족집게로 제거해서는 안 되며, 구멍 밖으로 내밀게 해야 하고 모발 주변의 모낭이 회복되고 정상화 되도록 시간을 두고 기다려야 한다.
㉡ 왁싱 시술을 시작할 때 블랙헤드처럼 보이는 인그로운 헤어는 주로 모낭 구멍이 있어서 시술 전에 부드럽게, 쉽게 뽑을 수 있다.
㉢ 시술자는 장갑을 끼고 알코올로 부위를 닦아 내고 모발이 뽑힐 때까지 블랙헤드를 부드럽게 짜낸다. 모발이 뽑히면 닦아 낸다. 피부가 손상되지 않기 때문에 모낭이 손상되지 않고 회복되는 데 시간이 걸리지 않는다.
㉣ 피부 아래에 가는 선 모양으로 보이는 깊이 박힌 모발은 시술자가 왁싱 시술 후에 다시 장갑을 끼고 알코올로 부위를 닦고 살균을 한 끝이 날카로운 족집게를 사용하여 뽑아낼 수 있다. 확대용 램프를 사용하면 이 과정을 더 쉽게 할 수 있다.

(3) 홍반
① 왁싱을 하면 제모한 부위에 홍반이 나타나거나 빨갛게 될 가능성이 있다. 만약 얼굴을 왁싱하였는데 고객의 피부가 빨갛게 되어도 문제가 안 된다면 편리한 때에 예약할 수 있도록 한다.
② 중요한 일이 있는 날에는 얼굴 왁싱을 받지 않아야 한다. 히스타민 범프가 생길 수도 있다.

(4) 부어오름
   ① 입술 왁싱 후에는 약간 부을 수가 있다. 고객에게 이것을 경고해야 하고, 얼음을 갖다 대면 붓기가 오래가지 않을 것이라는 것을 확인시킨다.
   ② 왁싱 시술은 월경 전후의 고객에게는 좀 더 불편하게 느껴질 수가 있으므로 월경 전후 3~4일 동안에는 예약하지 않도록 권한다.

(5) 붉은 반점
   ① 고객에게 왁싱한 부위에 붉은 반점이 보일 것이라는 것을 알게 하는 것이 중요하다. 이런 붉은 반점들은 혈액 덩어리이다. 이런 점들은 얼굴 왁싱보다는 신체 왁싱에 더 뚜렷하다.
   ② 모발이 모근에서 제거가 되면 모낭의 기초 부분에서 모유두에 있는 모발에 공급할 혈액을 모은다. 더 이상 모발이 남아 있지 않으면 혈액이 모낭의 아랫부분에 모여든다. 몇 시간 지나면 다시 피부에 흡수된다. 이것은 모발이 "모근에 의해서 다시 나온다"는 것을 의미하기 때문에 고객에게는 좋은 신호이다.

Chapter 2.
왁싱 살롱 비즈니스

학습목적 성공적인 왁싱 전문가가 되기 위해서는 왁싱에 관한 이론과 실기는 물론이고 왁싱 전문관리실을 운영하기 위한 여러 가지 사항들을 알아야 한다. 예를 들면 왁싱 전문제품의 우수한 판매요원이 되어야 하며, 왁싱 시술이 최고의 가치를 유지할 수 있도록 해야 한다. 고객이 무엇을 원하는지, 왁싱 전문제품과 왁싱 서비스 외 부가적으로 수익을 창출할 수 있는 다양한 미용분야와의 접목 방법도 모색해야 한다.

제모 산업은 앞으로 수십억 달러의 규모가 예상되는 산업이다. 앞으로 제모 산업의 일원이 되어서 성공하기 위해서는 제모 혹은 왁싱 서비스를 고객에게 제공해 주는 것 이외에 더 많은 사항들을 알아두어야만 한다. 좋은 성품을 가진 경영인이어야 하고, 고객으로부터 왁싱 서비스를 요구 받은 순간부터 얼마의 대가를 받을 수 있는가를 상담해야 한다. 또한 고객을 만족시켜주고 관계를 발전시키면서 또 다른 부가적인 수입을 창출해야 한다.

1. 기록유지

성공적으로 왁싱 살롱을 운영하기 위해서는 간편하고 효과적인 기록체계의 지속성이 요구된다. 또한 모든 수입과 지출이 정확하게 기록되어야 한다. 왁싱 살롱의 수입은 주로 왁싱 서비스 수입과 제품판매의 수입으로 분류된다. 비용에는 임대료, 공급물품, 보험, 광고, 설비, 수리비가 포함된다. 회계사의 도움을 받을 수도 있으며, 영수증 및 기타 병세 기입자료, 청구서 등을 보관한다.

❶ 주 단위 기록
주별 또는 월별 요약은 다음을 위해 도움이 된다.

(1) 다른 해와 비교 가능
(2) 다음 서비스를 위해 필요시 어떤 변화가 가능한지 분석
(3) 주어진 서비스의 종류에 따른 물품사용 확인 가능

❷ 일일 기록

매일 기록하는 것은 사업이 어떻게 진행되어 가는지를 알 수 있게 한다. 각각의 비용항목은 총수입과 관계가 있으며 정확한 기록은 수입과 관련된 운영비용을 나타낸다. 출납기록과 연도별 기록은 적어도 5년 동안 보관한다.

❸ 구매 기록

구매 기록은 재고 관리에서 다음 사항에 도움을 준다.

(1) 재고 누적 방지
(2) 서비스에 필요한 물품 부족 방지
(3) 연말에 있는 최종 순가치 평가에 도움 제공

한편 구매 기록은 모든 공급물품의 운전재고를 유지한다. 재고는 용도와 소비자 가격에 따라서 분류한다. 재고기록은 상품이 가장 빨리 판매된다는 것과 잘 판매되지 않는다는 것을 동시에 말해준다. 그 다음에 각 제품을 얼마나 주문해야 되는지를 판단할 수 있게 되어 있으며, 적절한 기간 안에 쓰이거나 판매될 수 있다. 충분한 양보다 조금 더 준비해 두는 것이 좋다. 도매상이 특별가격을 제시할 때를 전후해서 공급물품의 주요 구매계획을 세운다.

❹ 고객 관리 기록의 유지

고객 관리 기록은 해당 고객에게 언제, 어떠한 서비스를 해주었고 어떠한 미용품을 판매했는가를 기록한다. 이와 같은 기록은 고객의 성명, 주소, 일자, 지불 액수, 선호심, 전화번호 서비스에 어떤 제품을 사용하였으며 결과는 어떠했는지 등이 포함되어야 하며, 대부분의 살롱에서는 고객 관리 파일시스템에 기록을 유지하고 있다. 이와 같은 고객별 서비스 기록은 고객의 사전 승낙 없이 공개되어서는 안 된다.

❺ 관리 기록표

각각의 고객에게 주어진 서비스 종류와 제품 수입 및 지출, 하루 총 수입과 지출을 기록한다.

〈관리 기록표〉

월 일 요일 결산	관리사	원장

【관리 손님】

순번	성명	관리	회차	내용
1				
2				
3				
4				
5				
6				
7				
8				
9				
10				
11				
12				
13				
14				
15				
계				

【티켓 손님】

신/재	성명	관리	횟수	금액	미수금

【제품 수입 및 지출】

회사명	제품명	금액	비고

【총 수입 및 지출】

효율적인 왁싱 살롱 배치

- 고객이 편안하게 왁싱 서비스를 받을 수 있는 공간의 배치
- 응접실을 향해 언제든지 행동할 수 있는 서비스 흐름
- 적절한 복도 공간
- 각각의 설비를 위한 충분한 공간의 확보
- 편안함과 쾌적함을 주는 색채 선택
- 충분한 저장 공간
- 고객을 위한 적절한 옷장과 옷을 갈아입을 공간
- 화장실과 세면대가 설치된 깨끗한 휴게실
- 쾌적한 온도와 습도를 조절할 수 있는 냉·난방 시설과 가습 및 제습 시설

2. 직원 관리

왁싱 살롱의 크기는 직원의 수를 결정한다. 살롱의 성공은 직원에 의해 달려 있다. 전문 왁싱 교육을 받은 직원이 얼마나 만족한 서비스를 고객들에게 제공해 줄 수 있는가가 가장 중요하다. 직원을 채용하기 위해 면접을 볼 때는 그들의 성격, 기술 수준, 개인적 습관을 고려해야 한다. 왁싱 시술시 이런 부분들이 고객들에게 전해질 것이다.

3. 예약 일지 및 전화 상담

예약과 전화 상담에 관한 정확한 기록 유지는 기록이 없을 시 혼돈을 피하고 예약을 초과하게 될 상황을 피할 수 있을 것이며, 고객과 살롱과의 시간 착오로 고객이 지루하게 기다리는 것을 피할 수 있는 등 많은 도움을 줄 것이다.

(1) 전화 상담에 대한 적당한 방법은 먼저 "안녕하세요, 여기는 어디입니다."라고 짧은

소개를 한 후 "무엇을 도와 드릴까요?"라고 묻는다. 전화로 말한 처음 몇 마디는 왁싱 살롱의 이미지를 심어주고, 신뢰감을 주는 데 중요한 역할을 한다.

(2) 언제나 상냥해야 한다. 또한 재치 있고 예의 바르게 이야기하고 고객의 이름을 정확하게 불러준다. 그렇게 함으로써 고객에게 당신이 그와 대화하는 것을 좋아한다라고 생각하게 만들어야 한다.

(3) 분명하게 말해야 한다. 큰소리를 내거나 입속에서 우물우물 하지 말고 조용하고 분명하게 말하며 표준어를 사용한다.

(4) 예약을 받을 때 고객의 성명, 전화번호, 어떤 서비스를 원하는지 여부와 예약 일자와 시간 등의 사항들을 접수한 다음 고객에게 그 내용을 분명하게 다시 읽어 주고 확인한다.

(5) 서비스를 받기 전날 전화를 하거나 문자 서비스를 하여 예약 시간을 재확인 해주면 서로가 편리함은 물론 약속 시간에 오지 않은 고객의 숫자를 줄이게 될 것이다.

(6) 예약을 받은 후 재확인을 위해 예약 시간을 재조정하지 않아도 되겠습니까? 라고 다시 고객의 의견을 물어야 한다.

(7) 전화 상담을 하는 동안 서비스를 준비하는 데 유용한 정보를 고객에게 전달할 수 있다. 비록 잠재 고객이 피부과 치료를 받고 있거나 왁싱 서비스를 금해야 하는 피부 처방을 사용하고 있더라도 다른 대안이 있을 수도 있으므로 고객이 상담을 받으러 오게 하는 것이 좋다.

〈예약 일지 및 전화 상담〉

20 . . . am, pm 시 분

이 름		나 이	
키 / 체중		왁싱 희망 부위	
왁싱 관리 경험			
상담 예약			
상담 내용			
주 소			
전 화		상담 관리사	
의 견			

 ## 4. 왁싱 시술을 적용해서 부가적인 수입을 창출할 수 있는 미용분야

왁싱 서비스는 전문 관리실이나 피부 관리실에서 뿐만 아니라 일반적인 미용 관련 살롱에서도 부가적인 수입을 창출할 수 있다.

(1) 네일 관리실 : 매니큐어와 패디큐어 시술 시 고객의 손과 발에 왁싱 시술을 해줌으로써 네일 완성도와 고객의 만족도를 높일 수 있으며 윗입술의 왁싱이나 눈썹 왁싱, 겨드랑이 왁싱은 네일 살롱의 공간을 활용한다면 얼마든지 가능하다.
(2) 메이크업 관리실 : 메이크업 시 얼굴에 불필요한 모발을 제거함으로써 메이크업의 완성도를 높일 수 있으며, 눈썹, 인중, 헤어라인, 이마, 얼굴 왁싱으로 고객이 원하는 이미지를 창출하는 데 도움을 줄 수 있다.
(3) 헤어 관리실 : 업스타일과 커트 시술 시 고객의 목 뒤의 불필요한 잔털을 제거함으로써 고객의 만족도를 높일 수 있으며 특별히 헤어에 이니셜을 넣어주는 시술도 가능하다.
(4) 웨딩 관리실 : 신부들이 업스타일을 했을 때 목 뒤 라인을 왁싱해줌으로써 깨끗한 목라인을 연출해 줄 수 있다. 그 외 노출된 부위에 왁싱을 해줌으로써 웨딩 관리 전반에 대하여 신부들의 만족도를 높일 수 있다.

 ## 5. 왁싱 제품 판매

(1) 시술자는 각 제품의 특징과 사용방법에 대해 잘 알고 있어야 하며 고객에게 적당하다고 판단되는 제품을 선택해야 한다.
(2) 왁싱 제품이나 서비스가 고객에게 어떠한 작용을 하며 어떻게 고객의 필요와 요구를 만족시켜 주는가를 잘 설명할 수 있어야 한다.
(3) 왁싱 서비스 시술 시 제품과 서비스를 제시할 수도 있고, 고객이 관심을 가질 수 있도록 살롱 내부에 왁싱 제품과 서비스에 관한 내용이 잘 요약된 POP를 전시할 수 있다.

(4) 고객의 손이 닿는 가까운 곳에 제품 소개용 인쇄물을 비치하여 고객이 읽거나 가져가게 하는 방법도 있다.
(5) 제품에 대한 흥미와 욕구를 유발시켜 판매로 이어지도록 한다.
(6) 고객에게 편하고 친근하게 대하며 가능하다면 시술자가 직접 시연해 보인다.
(7) 고객이 구매하기로 결심하면 결제 방식을 문의하고 정성스럽게 포장해 준다.

● 왁싱 시술 후 만족한 고객

■ 참고 문헌

1. 영수, 마음은 인체의 어디에 담겨 있을까, 을유문화사, 1997
2. 강원형, 피부질환 아틀라스, 도서출판 한미의학, 2002
3. 용준환·김정혜·조광필, 인체해부 생리학, 도서출판 정담, 1998
4. 김영미, 메디칼 스킨케어 I, 도서출판 임송, 2003
5. 김영미, 메디칼 스킨케어 II, 도서출판 임송, 2003
6. 박규미 外 10명, ESTHETICIAN 완벽대비 피부미용사, 도서출판 북파일, 2008
7. 최근희 外 11명, 모발과학, 수문사, 2001
8. 박규미 外 6명, professional 네일아트, 광문각, 2003
9. 김귀정·유경수, 피부관리용 화장품성분사전, 도서출판 정담, 1998
10. 한국네일기술진흥원, Beauty Lesson, 한국네일기술진흥원, 2008
11. 권경옥, 이론과 실제 아로마 치료, 지구문화사, 2002
12. 고혜정 外 7명, 화장품학, 정문각, 2002
13. 기영지 外 6명, 공중보건위생학, 보문각, 2004
14. 김희숙·이은임, 메이크업과 패션, 수문사, 1996
15. 강근영·오인영·이숙연, 메이크업 디자인, 훈민사, 2003
16. 전선정 외 3명, 미용미학과 미용문화사, 청구문화사, 2001
17. 정흥숙, 서양복식문화사, 교문사, 1981
18. 곽형심 外 6명, 미용문화사, 청구문화사, 2004
19. 김남희, 기초 메이크업, 도서출판 예림, 2003
20. 한영숙 外 5명, 피부학, 정담미디어, 2004
21. 히류야미 유키오 / 임희선 옮김, 화상의 역사, 사람과 책, 2004
22. 베아트리스 퐁타넬 / 김보현 옮김, 치장의 역사, 김영사, 2004
23. 다이엘라 마이어·클라우스 마이어 지음 / 김희상 옮김, 털 수염과 머리카락을 중심으로 본 체모의 문화사, 작가 정신, 2004
24. 데스몬드 모리스 / 이경식·서지원 옮김, 벌거벗은 여자, Human & Books, 2004
25. COLBERT/ANKNEY/LEE, 해부생리학, 매디시언, 2007
26. Janet'D Angelo 外 6명, MILADY'S 고급피부학, 군자출판사, 2006
27. HELEN R. BICKMORE, Hair Removal Techniques, Milady, 2004
28. Gordon Miller, NAIL TECHNOLOGY, Milady, 2004
29. GERSON, JOEL, Standard Textbook for Professional Estheticians, Milady, 2004
30. M, Sara Rosenthal, Wonmen and Unwanted Hair, Your Health Press, adivision of Sarahealth, com Inc. in association with Trafford Publishing, 2010

waxing management
왁싱 매니지먼트

part 5

한국왁싱협회 종합 예상문제

한국왁싱협회 종합 예상문제 1회

01 고객에 대한 직업적 윤리에 해당하지 않는 것은?

① 시간을 잘 지킨다.
② 친한 고객에게만 특별한 서비스를 해준다.
③ 위생과 안전 규정을 준수한다.
④ 고객이 받을 서비스의 내용과 스케줄에 관하여 친절히 설명해준다.

02 고객과의 대화 시 주의할 사항이 아닌 것은?

① 본인의 개인적 문제를 말하지 않는다.
② 고용주나 동료의 약점을 말하지 않는다.
③ 대화를 독점하지 않는다.
④ 고용주나 동료의 험담을 한다.

03 다음 중 파상풍, 인플루엔자, 장티푸스를 발생시키는 병균은?

① 간균 ② 단구균 ③ 나선균 ④ 구균

04 에이즈의 감염경로가 아닌 것은?

① 성관계
② 감염된 혈액
③ 모자 감염
④ 감염자와의 대화

05 바이러스의 특징 중 옳은 것은?

① 바이러스는 세균여과기로 분리할 수 있다.
② 바이러스는 살아 있는 세포내에서만 증식한다.
③ 구균, 간균, 나선균은 바이러스균이다.
④ 광학현미경을 사용해야만 볼 수 있다.

06 병원체, 비병원체, 아포(포자) 등 모든 미생물을 사멸시키거나 제거하는 것은?

① 살균　　　② 소독　　　③ 위생　　　④ 희석

07 소독의 5요소가 아닌 것은?

① 감염을 없애야 한다.
② 아포를 사멸시킬 필요는 없다.
③ 화학제를 이용하지만 물리적 방법도 사용한다.
④ 인체나 동물에만 사용된다.

08 다음 중 화학적 소독법끼리만 짝지어진 것은?

① 희석, 태양광선
② 습열멸균법, 건열멸균법
③ 생석회, 과산화수소
④ 태양광선 소독, 포르말린

09 왁싱 관리실 위생에서 지켜야 하는 것은?

① 고객이 바뀔 때마다 장갑은 계속 사용한다.
② 더블 디핑(Double-dipping)은 하지 않는다.
③ 고객의 가운과 시트는 계속 사용한다.
④ 병들은 물로 닦아낸다.

10 다음 피부조직 중 표피층에 해당하지 않는 것은?

① 과립층　　② 기저층　　③ 망상층　　④ 각질층

11 다음 피하조직의 설명으로 틀린 것은?

① 여성 호르몬과는 관계 없다.
② 물리적 보호기능이 있다.
③ 성별, 연령에 따라서도 차이가 있다.
④ 체내의 열 조절 기능이 있다.

12 수분 증발을 저지하는 방어막이 있어 피부염이나 피부건조를 방지하는 중요한 역할을 하는 피부층은?

① 유극층　　② 과립층　　③ 투명층　　④ 각질층

13 피부의 구조는 표피, (　), (　)으로 구분된다. 괄호 안에 들어갈 말로 바른 것은?

① 진피, 투명층
② 피하지방, 각질층
③ 진피, 피하조직
④ 피하조직, 표피조직

14 진피는 (　), (　)으로 구성된다. 괄호 안에 들어갈 말로 바른 것은?

① 각질층, 투명층
② 과립층, 각질층
③ 진피, 투명층
④ 유두층, 망상층

15 피부층 중에서 세포끼리 영양분을 교환하고 림프액이 존재하는 층은?

① 유극층　　② 기저층　　③ 투명층　　④ 과립층

16 원발진 중 반점에 속하지 않는 것은?

① 주근깨　　② 인설　　③ 기미　　④ 몽고반점

17 속발진 중 표피 전체와 진피의 일부가 가죽처럼 두꺼워지는 현상을 무엇이라고 하는가?

① 비립종　　② 위축　　③ 태선화　　④ 미란

18 부적절하게 면도를 한 경우 모발이 위로 자라지 않고 피부 표면 속으로 자라서 박테리아 감염이 유발될 수 있는 염증은?

① 모낭염　　② 습진　　③ 균열　　④ 흑자

19 다음은 모발의 종류이다. 이 중 성격이 다른 하나는?

① 취모　　② 연모　　③ 곱슬모　　④ 경모

20 다음 모발의 성장 시기 중에 세포분열이 정지되어 모발이 성장하지 않는 시기는?

① 퇴행기　　② 성장기　　③ 탈모기　　④ 휴지기

21 모발의 중심부에 위치하며 공기를 함유하고 있어 보온의 역할을 하는 것은?

① 모피질　　② 모수질　　③ 간충물질　　④ 모소피

22 다음은 모발의 구성으로 맞지 않는 것은?

① 모수질   ② 모피질   ③ 모소피   ④ 입모근

23 골격 발달에 영향을 주며, 아동기에 과다하게 생성되면 거인증의 원인이 되고, 결핍되면 왜소증을 유발하는 호르몬을 무엇인가?

① 황체형성호르몬   ② 성장호르몬
③ 젖샘자극호르몬   ④ 부신피질호르몬

24 다음 중 갑상선에서 생성되는 호르몬은?

① 젖샘자극호르몬   ② 부신피질호르몬
③ 티록신   ④ 성장호르몬

25 다모증에 가장 큰 영향을 미치는 호르몬은?

① 젖샘자극호르몬   ② 안드로겐
③ 에스트로겐   ④ 성장호르몬

26 현대의 제모 방법으로 사용하지 않는 것은?

① 석황   ② 슈거링
③ 왁싱   ④ 면도

27 이란, 터키, 인도, 파키스탄 등지에서 수세기 동안 사용한 제모 방법은?

① 왁싱   ② 슈거링
③ 비소   ④ 실면도

28 다음 면도에 관한 설명으로 맞지 않는 것은?

① 시간이 적게 걸린다.
② 모발이 살로 파고드는 인그로운 헤어(Ingrown hair)를 방지할 수 있다.
③ 사용이 편리하다.
④ 비용이 저렴하다.

29 영구제모의 방법이 아닌 것은?

① 전기분해　　② 슈거링　　③ 레이저　　④ 사진광

30 제모 크림에 관한 설명이다. 맞지 않는 것은?

① 제모 크림을 씻어낼 때 피부의 자연 보호막이 손상되어 접촉 피부염 같은 피부 반응이 일어날 수 있다.
② 모발이 다시 자라면 면도 후의 모발보다 더 부드럽다.
③ 왁스 사용보다 효과가 오래 지속되지 않는다.
④ 피부에 발진이 있어도 사용하는 것은 무방하다.

31 다음 중 왁싱의 효과가 아닌 것은?

① 왁싱 후 모발이 다시 자라지 않는다.
② 넓은 부위의 모발을 빠른 시간 안에 제거할 수 있다.
③ 전기 요법을 사용하며 불가능한 솜털까지 깨끗하게 제거한다.
④ 모근의 제거로 인하여 모발의 성장이 느려지며 모가 가늘어지고 수가 감소한다.

32 왁싱을 적용하면 안 되는 사항이 아닌 것은?

① 혈우병　　　　　② 낭창
③ 샤워 후　　　　④ 간질

33 얼굴 왁싱 전 반드시 고객에게 받아 두어야 하는 사항은?

① 전화번호
② 얼굴 왁싱 책임면제 각서
③ 고객의 주소와 이름
④ 왁싱 관리 횟수 확인된 고객 사인(Sign)

34 다음 중 신경안정에 효과적인 에센셜 오일이 아닌 것은?

① 캐모마일 ② 라벤다
③ 페퍼민트 ④ 네롤리

35 다음 중 피부의 상태를 확인하거나 남은 모발을 트위저로 제거하거나 파고드는 모발을 제거할 때 사용하는 것은?

① 자외선 소독기 ② 확대경
③ 왁스 워머기 ④ 손거울

36 스트립 왁스를 이용한 제모 과정 중 ( ) 안에 들어가는 것은?

> 유·수분 제거 및 피부정돈하기 → 소독하기 → 온도테스트하기 → 소프트 왁스 바르기 → ( ) → 왁스 잔여물 제거하기 → 피부 진정제 바르기 → 모공수축 및 유·수분 공급제 바르기 → 마무리하기

① 오일 바르기 ② 스트립을 붙였다가 제거하기
③ 크림 바르기 ④ 족집게 사용하기

37 다음 왁싱에 대한 설명으로 틀린 것은?

① 왁싱 시술 전 긴 모발은 그냥 둔다.
② 스트립을 붙일 때 멍이 들 수 있으므로 너무 많은 압력은 주지 않도록 한다.
③ 왁스는 다루기 쉬운 크기로 바른다.
④ 사용한 하드 왁스는 반드시 버린다.

38 다음 중 제모에 필요한 제품이 아닌 것은?

① 가운　　　② 나무 스틱　　　③ 푸셔　　　④ 워머기

39 제모 시술 후 마지막으로 처리해야 할 단계는?

① 시술 부위를 소독제로 닦아준다.
② 왁스가 피부에 남아 있는지 확인한다.
③ 오일을 바른다.
④ 모공수축과 피부 보습을 위한 마무리 제품을 바른다.

40 눈썹을 제모하는 방법으로 맞지 않는 것은?

① 왁싱 전 고객의 피부가 민감한지 확인한다.
② 스파츌라는 큰 사이즈를 쓴다.
③ 고객과 충분한 상담 후 라인을 정한다.
④ 스트립을 제거할 때 피부를 팽팽히 잡는다.

▶ 1회 정답 및 해설 p.210

한국왁싱협회 종합 예상문제 2회

01 왁싱 전문관리사가 지켜야 할 개인적 위생에 해당하지 않는 것은?

① 건강관리를 규칙적으로 받는다.
② 입 냄새가 나지 않도록 구강 관리를 철저히 한다.
③ 고객 관리 전후에 손을 반드시 씻을 필요는 없다.
④ 깨끗한 가운을 입는다.

02 고객과의 대화 시 주의할 사항이 아닌 것은?

① 본인의 개인적 문제를 말하지 않는다.
② 타인의 결점을 말한다.
③ 대화를 독점하지 않는다.
④ 즐겁게 대화한다.

03 다음 중 수부백선, 두부백선을 발생시키는 병균은?

① 리켓치아   ② 몰드   ③ 휑거스   ④ 진균

04 다음 면역 중 접종에 의해 획득한 면역은?

① 인공능동면역
② 자연능동면역
③ 인공수동면역
④ 자연수동면역

05 다세포의 동물성 혹은 식물성 기생균이면서 버짐과 옴벌레 혹은 이 같은 전염병을 발생시키는 균은?

① 리켓치아 ② 진균
③ 페라싸이트 ④ 바이러스

06 살균력 측정의 지표가 되며 일반적 농도로는 3%, 손 소독 농도로는 2%를 사용하는 것은?

① 생석회 ② 석탄산
③ 포르말린 ④ 알코올

07 다음 중 소독의 정의로 옳은 것은?

① 세균을 죽이는 것
② 모든 미생물을 열과 약품으로 완전히 죽이거나 또는 제거하는 것
③ 감염을 일으킬 수 있는 미생물(병원체)만을 주로 사멸 또는 제거시키는 것
④ 균을 적극적으로 죽이지 못하더라도 발육을 저지하는 것

08 다음 중 물리적 소독법은?

① 태양광선 ② 습열멸균법
③ 희석 ④ 포르말린

09 왁싱 관리실 위생에서 지켜야 하는 것은?

① 고객이 바뀔 때마다 시트는 계속 사용한다.
② 더블 디핑(Double dipping)을 해도 무방하다.
③ 시술하는 동안 시술자의 머리, 입, 눈을 만지는 것은 허용된다.
④ 모든 도구와 기자재들은 매번 사용 후 소독해야 하며, 별도의 공간에 깨끗하게 보관해야 한다.

10 표피는 아래에서 위로 어떤 층으로 구성되는가?

① 유극층 – 과립층 – 각질층 – 기저층 – 투명층
② 기저층 – 유극층 – 과립층 – 투명층 – 각질층
③ 투명층 – 각질층 – 과립층 – 기저층 – 유극층
④ 유극층 – 기저층 – 과립층 – 투명층 – 각질층

11 표피 중 가장 두꺼운 층이며 세포는 원추상 다각형을 이루고 있는 층은?

① 과립층　　② 유극층　　③ 투명층　　④ 각질층

12 각질세포의 수명은 약 며칠인가?

① 약 40일　　② 약 14일　　③ 약 28일　　④ 약 60일

13 생명력이 없는 무색, 무핵의 세포로 3~4층의 납작한 호산성 세포로 구성되어 있으며 반유동체인 엘라이딘을 함유하고 있는 층은?

① 유극층　　② 망상층　　③ 투명층　　④ 각질층

14 망상층은 (　), (　)으로 이루어진 결합조직이다. (　) 안에 들어갈 말은?

① 콜라겐, 엘라스틴
② 과립층, 콜라겐
③ 엘라스틴, 케라틴
④ 유극층, 엘라스틴

15 케라틴 단백질, 지질, 천연보습인자를 함유하고 있는 층은?

① 과립층　　② 각질층　　③ 투명층　　④ 유극층

16 농을 포함한 피부의 작은 융기를 말하며 백혈구로 구성되고 세균을 포함하고 있는 것은?

① 인설　　② 찰상　　③ 농포　　④ 균열

17 백색면포라고도 불리며 피부박리술, 화학적 박피, 피부재생관리, 제모 후에 빈번하게 나타나는 것은?

① 비립종　　② 반흔　　③ 가피　　④ 미란

18 다음은 아토피 피부염에 관한 설명이다. 맞지 않는 것은?

① 과도한 목욕은 피한다.
② 여름에 악화된다.
③ 보습제를 정기적으로 발라준다.
④ 증세는 만성적으로 진행되는 습진이며 태선화, 홍반 등으로 변하는 경향이 있다.

19 모구가 가장 활성화 되는 시기로 진피를 아래로 밀어내고 세포가 유사분열로 부풀게 되며 모발이 만들어지고 자라나는 시기를 무엇이라고 하는가?

① 퇴행기　　② 탈모기　　③ 성장기　　④ 휴지기

20 세포와 세포사이에 간충물질로 연결되어 강하게 붙어있고, 모발의 유연성, 탄력, 강도, 촉감, 질감 등 모발의 성질을 나타내는 중요한 부분은?

① 모피질　　② 모유두　　③ 모소피　　④ 모두질

21 모세혈관과 신경이 붙어 있어 영양 및 산소를 취함으로써 모발의 발생과 성장을 돕는 곳은?

① 모피질　　② 모유두　　③ 피지선　　④ 모소피

22 태아 때부터 온몸에 나 있는 섬세하고 부드러운 엷은 색의 모발은?

① 연모　　　② 취모　　　③ 경모　　　④ 곱슬모

23 남성의 2차 성징이 나타나도록 하는 호르몬은?

① 안드로겐　　② 에스트로겐　　③ 티록신　　④ 옥시토신

24 심장박동이 빨라지고 대사율이 높아지고 체중이 줄며, 땀을 많이 흘리고 눈동자가 튀어나오는 현상은 무엇 때문인가?

① 갑상선 항진증　　　　② 갑상선 저하증
③ 말단 비대증　　　　　④ 갱년기

25 털 과다증의 원인이 아닌 것은?

① 남성호르몬인 안드로겐의 자극
② 유전이나 특정 인종
③ 암치료의 결과
④ 스테로이드에 대한 반응

26 넓은 이마를 만들기 위해 두개골 상부의 머리카락을 뽑는 것이 유행이었던 시대는?

① 로마　　　　　　　　② 중세와 르네상스
③ 그리스　　　　　　　④ 이집트

27 다음 중 전기분해요법을 발견한 사람은?

① 안드레이　　　　　　② 킹 캠프 질렛
③ 찰스 미첼　　　　　　④ 하버스

28 실면도의 금기해야 하는 경우가 아닌 것은?

① 지성 피부　　　　　　② 심한 포진 장애가 있는 피부
③ 염증 피부　　　　　　④ 햇볕 화상을 입은 피부

29 제모 크림의 장점이 아닌 것은?

① 모발이 다시 자라면 면도 후의 모발보다 부드럽다.
② 농포나 감염의 징후가 있는 피부도 사용할 수 있다.
③ 혼자서 사용이 가능하다.
④ 면도만큼 저렴하지는 않지만 비교적 비용이 적게 든다.

30 실면도의 단점이 아닌 것은?

① 모발이 다시 자랄 때 모낭염, 농포, 감염이 증가할 수도 있다.
② 솜털을 제거하기 때문에 모발이 불규칙하게 자란다.
③ 넓은 부위에 시술하기에 효과적이다.
④ 건선피부에 사용할 수 없다.

31 1차에서 각질 제거가 있었기 때문에 2차로 재시술을 하면 안 되는 왁싱방법은?

① 스트립 왁스　　② 하드 왁스　　③ 슈거링　　④ 트위징

32 왁싱에 관한 설명 중 틀린 것은?

① 피부의 감각이 없어 둔한 경우에는 왁싱을 해도 된다.
② 흉터 조직에는 왁싱을 하면 안 된다.
③ 골절과 접질림 부위는 왁싱을 하면 안 된다.
④ 사마귀는 왁싱 사용이 금지된다.

33 면도를 했거나 거친 모발이라면 모발의 길이가 어느 정도 되어야 왁싱이 가능한가?

① 5/1인치　　② 1/3인치　　③ 1/4인치　　④ 1/2인치

34 일반 장비의 안전을 위해 지키지 않아도 되는 사항은?

① 왁스 기구의 환기구가 있으면 막지 않도록 한다.
② 코드를 왁스 기구에 감거나 구부리거나 꼬이게 하지 않는다.
③ 왁스 기구가 오작동 되는 경우에는 제조회사에 보내거나 권장 수리 센터에 보낸다.
④ 코드를 가열된 면에 가까이 둔다.

35 왁싱 시술자가 원활히 시술할 수 있도록 도구들을 잘 정리해 놓는 것은?

① 웨건　　　　　　　　② 서랍장
③ 칸막이 공간　　　　　④ 세면기 위

36 다음은 시술하기 전에 왁스의 온도를 측정하는 방법이다. 맞는 것은?

① 고객에게 왁스를 바르면서 뜨거운지 물어본다.
② 대충 눈대중으로 측정한다.
③ 시술자의 손목 안쪽에 테스트한다.
④ 스파츌라로 왁스를 저으면서 측정한다.

37 제모 직후 피부를 진정시키는 1차적인 방법은?

① 소독제를 바른다.
② 로션을 바른다.
③ 왁스를 제거한 즉시 손으로 눌러준다.
④ 진정 제품을 바른다.

38. 다음 중 스파츌라를 사용하는 각도로 옳은 것은?

　① 35도　　② 40도　　③ 45도　　④ 90도

39. 팔을 제모할 때 고객의 가장 좋은 자세는?

　① 고객이 선다.　　　② 고객이 앉는다.
　③ 고객이 눕는다.　　④ 고객이 엎드린다.

40. 스트립 왁싱 시 스트립을 제거하기 위해 어느 정도 남겨 놓아야 하는가?

　① 0.5인치　　② 3인치　　③ 4인치　　④ 1인치

▶ 2회 정답 및 해설 p.212

waxing management | 한국왁싱협회 종합 예상문제 3회

01 왁싱 전문관리사로서 갖추어야 할 자격을 가진 사람은?

① 왁싱에 관한 이론적 지식을 습득하고 왁싱 기술을 수행할 수 있는 능력과 해당 업무를 성실히 행할 사람
② 왁싱 제품에 관한 사용방법만을 습득한 사람
③ 왁싱 이론에 관한 이론적 지식만을 습득한 사람
④ 왁싱에 관한 기술만을 습득한 사람

02 고객에 대한 왁싱 전문관리사의 직업적 윤리로 바른 것은?

① 고객에게 본인의 개인적 문제에 관하여 하소연한다.
② 타인의 결점을 말한다.
③ 대화를 독점한다.
④ 고객과 입씨름이나 불평을 하지 않는다.

03 폐렴을 발생시키는 병균은?

① 단구균　　② 나선균　　③ 쌍구균　　④ 연쇄상구균

04 세균 및 바이러스에 대한 설명 중 틀린 것은?

① 세균류는 인공배양기에서 발육하지만 바이러스는 살아있는 세포내에서만 발육한다.
② 세균은 모양에 따라 구균, 간균, 나선균 등이 있다.
③ 세균의 크기는 바이러스의 약 반 정도로써 병원 미생물 중에서는 가장 작다.
④ 세균이 분해 호흡을 하는 경우 공기 중의 산소가 필요 없으며 오히려 해롭다.

05 세균을 형태상으로 분류해 본 종류가 아닌 것은?

① 구균 ② 간균 ③ 나선균 ④ 바이러스

06 소독력을 가지고 있는 약제를 사용하여 세균을 죽이는 방법은?

① 물리적 소독법 ② 자연소독법
③ 화학적 소독법 ④ 습열멸균법

07 석탄산에 비해 2배의 소독력을 가지며, 난용성인 세균 소독에 효과가 큰 것은?

① 생석회 ② 크레졸 비누액
③ 포르말린 ④ 알코올

08 수지, 피부, 기구 등의 소독에 사용하며, 기구를 소독할 때에는 20분간 담가 두어야 하는 소독제는?

① 알코올 ② 역성 비누 ③ 생석회 ④ 포르말린

09 왁싱 관리실 위생에서 지켜야 하는 것은?

① 사용한 1회용 스파츌라와 스트립은 버린다.
② 더블디핑을 해도 무방하다.
③ 모든 도구와 기자재들은 매번 사용 후 소독하지 않아도 된다.
④ 고객의 가운을 2~3회 사용하는 것은 무방하다.

10 혈관, 피지선, 한선, 신경 등이 분포되어 있는 층은?

① 각질층 ② 유두층 ③ 과립층 ④ 망상층

11 물결모양으로 보이며 노화가 진행됨에 따라 편평해지므로 완만해지는 정도에 따라 노화의 정도를 짐작하게 되는 층은?
① 과립층   ② 유두층   ③ 망상층   ④ 각질층

12 색소형성세포가 있는 층은?
① 유극층   ② 망상층   ③ 기저층   ④ 각질층

13 다음의 피부 조직 중 돌기모양이며, 모세혈관이 몰려있어 영양분을 공급해주므로 표피의 건강 상태가 이 피부층에 달려 있다고 할 수 있는 층은?
① 유극층   ② 유두층   ③ 기저층   ④ 각질층

14 피하조직의 설명으로 잘못된 것은?
① 근육, 골격 사이에 다량의 지방분을 갖고 있다.
② 남성호르몬과 유관하다.
③ 내부기관의 보호 완충 역할을 한다.
④ 에너지를 저장한다.

15 피부에 관한 설명 중 틀린 것은?
① 표피는 진피와 피하조직 사이에 있다.
② 피부의 주성분은 단백질이다.
③ 피부영양은 진피의 유두층에서 피를 통해 공급된다.
④ 표피의 각화작용으로 비듬이나 때가 떨어져 나간다.

16 두드러기, 알레르기 반응, 모기 또는 곤충에 물렸을 때 나타나는 현상은?
① 태선화   ② 농포   ③ 팽진   ④ 균열

17 직경 1㎝ 미만의 맑은 액체가 포함된 물집을 말하며 수두와 대상포진으로 인해 생길 수도 있는 것은?
① 균열   ② 소수포   ③ 팽진   ④ 대수포

18 노화 피부에 나타나는 현상이며 세포의 감소로 인해 표피가 얇아지는 증상은?
① 미란   ② 소수포   ③ 궤양   ④ 위축

19 피부 조직에서 모발이 자라나는 곳은 어디인가?
① 표피   ② 진피   ③ 한선   ④ 모낭

20 모발의 역할 중 해충이나 타박상으로부터 피부가 다치는 것을 최소화 할 수 있는 기능은?
① 노폐물 배출 기능   ② 충격 완화 기능
③ 촉각 기능   ④ 호흡 기능

21 건강한 모발의 피질 내부에 차 있으며 수분증발을 억제함과 동시에 수분과 결합하는 시멘트 역할을 하며 모발에 적절한 수분 유지가 되도록 하는 것은?
① 모피질   ② 간충물질
③ 피지선   ④ 모소피

22 자율신경에 의해 지배되며 수축 시 모공을 닫아 체온 손실을 막아주는 역할을 하는 것은?
① 입모근   ② 한선
③ 피지선   ④ 모유두

23 다음 중 티록신을 분비하는 곳은?

① 갑상선　　② 송과선　　③ 시상하부　　④ 뇌하수체

24 멜라토닌을 분비하며, 생식선의 재생과 성숙에 관한 역할을 하는 것은?

① 송과선　　② 흉선　　③ 갑상선　　④ 뇌하수체

25 다음 중 다모증의 원인이 아닌 것은?

① 안드로겐의 자극
② 어떤 암치료의 결과
③ 내분비계에 영향을 주는 약물
④ 내분비계의 질병과 장애

26 다음 중 가장 먼저 제모를 시작한 나라는?

① 그리스　　② 이집트　　③ 로마　　④ 미국

27 레이저를 이용한 제모 방법은 언제 승인이 되었나?

① 1995년　　② 1980년　　③ 1922년　　④ 1967년

28 털뽑기(트위징)의 단점이 아닌 것은?

① 통증이 있다.
② 모발의 뭉툭한 가장자리가 작은 모낭을 뚫고 들어가 부어오를 수도 있다.
③ 비용이 저렴하다.
④ 시력이 나쁘면 뽑지 말아야 할 모발을 뽑을 수도 있다.

29 씻어낼 때 자연 보호막이 손상되어 접촉 피부염을 일으킬 수도 있는 제모 방법은?

① 실면도　　② 트위징　　③ 제모 크림　　④ 면도

30 손가락으로 면사를 가지고 고리를 만들어 꼬아서 제모하는 방법은?

① 면도　　② 트위징　　③ 슈거링　　④ 실면도

31 아줄렌이나 카모마일 성분이 들어간 왁스는 어떤 피부타입의 고객에게 사용하면 좋은가?

① 지성 피부
② 민감성 피부
③ 건성 피부
④ 염증이 있는 피부

32 제모를 피해야 하는 경우로 맞지 않는 것은?

① 피부가 검은 경우
② 암 환자
③ 혈우병 환자
④ 간질 환자

33 다음 중 왁싱에 대한 설명 중 틀린 것은?

① 고객들은 적어도 24시간 동안 왁싱한 부위에 향수 제품을 바르지 말아야 한다.
② 피부의 민감도가 떨어진 부위는 왁싱을 하면 안 된다.
③ 확장된 정맥 부위에 왁싱을 해도 된다.
④ 쉽게 타박상을 입는 순환장애는 왁싱을 하면 안 된다.

34 왁싱 시술실 준비로 틀린 사항은?

① 히터의 온도조절 장치를 검사한다.
② 왁싱 커터의 커버는 교체하지 않고 계속 사용한다.
③ 모든 기구를 씻고 그것들을 위생함에 넣어둔다.
④ 스파츌라와 스트립 천을 보충한다.

35 하드 왁스의 장점이 아닌 것은?

① 1차 시술 후 즉시 2차 시술이 가능하다.
② 넓은 부위를 빨리 시술할 수 있다.
③ 얼굴 왁싱에 사용하면 좋다.
④ 피부가 얇고 예민한 피부에 좋다.

36 비키니 왁싱 시 고객에게 제공해야 하는 것은?

① 사각 바트
② 에보니 펜슬
③ 일회용 팬티
④ 왁스 클리너

37 다음은 스파츌라의 사용 방법이다. 맞는 것은?

① 고객이 바뀌거나 왁싱 부위가 바뀔 때마다 교체한다.
② 어느 부위를 왁싱 하든지 한 사이즈의 스파츌라만 사용한다.
③ 스파츌라는 하루 이상 사용한다.
④ 한 고객당 하나의 스파츌라를 사용한다.

38 제모 후 남아있는 모를 제거하는 방법이다. 족집게를 사용하는 방법으로 맞는 것은?

① 트위저는 시술 부위 소독 후 사용한다.
② 모를 천천히 제거한다.
③ 열려있는 모낭 가까이에서 모발을 잡아 모의 성장 방향으로 제거한다.
④ 모의 성장 반대 방향으로 제거한다.

39 제모 후 핏자국을 종종 볼 수 있다. 어디에 공급되는 피가 밖으로 보이는 것일까?
① 모피질　　　② 모유두　　　③ 모낭　　　④ 진피유두

40 스트립 왁스가 가지고 있는 끈적임의 주성분은?
① 슈가　　　② 꿀　　　③ 로진　　　④ 접착제

▶ 3회 정답 및 해설 p.213

한국왁싱협회 종합 예상문제 4회

01 고객에 대한 직업적 윤리에 해당하지 않는 것은?

① 예의 바르고 공손하게 대한다.
② 왁싱에 관한 이론과 실무에 대한 지식을 습득한다.
③ 시간은 시술자에게 편하게 맞춘다.
④ 위생과 안전 규정을 준수한다.

02 왁싱 전문관리사의 용모로 적당하지 않는 것은?

① 머리는 단정하게 손질한다.
② 화장은 화려하게 한다.
③ 손과 손톱은 깨끗하고 단정하게 유지한다.
④ 걸을 때 소리가 나지 않도록 하고, 편안한 신발을 신는다.

03 벼룩, 진드기, 이 등이 발생시키는 병균은?

① 리켓치아   ② 몰드   ③ 휭거스   ④ 페라싸이트

04 병원체가 바이러스인 질병은?

① 인플루엔자   ② 발진티푸스
③ 발진열   ④ 양충병

05 세균을 형태학적으로 분류할 때 원형의 모양이며 한 줄로 연결되어 존재하는 형태를 ( )이라 한다. ( ) 안에 들어갈 말은?
① 연쇄상간균　　　　　　② 연쇄상구균
③ 포도상간균　　　　　　④ 포도상구균

06 산화작용에 의해 살균되고 표백작용이 있으며, 무색, 무취, 투명하며 피부소독에 사용하는 것은?
① 포르말린　② 알코올　③ 과산화수소　④ 석탄산

07 무균 상태를 말하는 것이 아니라 어떤 물건을 깨끗이 해서 균들의 성장을 방지하는 것은?
① 멸균　② 위생　③ 방부　④ 살균

08 화학적 소독법끼리만 짝지어진 것은?
① 희석, 습열멸균
② 습열멸균, 자외선
③ 크레졸 비누, 역성비누
④ 건열멸균, 알코올

09 왁싱 관리실에서 위생 시 지켜야 하는 것은?
① 고객이 사용한 시트는 계속 사용한다.
② 더블디핑을 해도 무방하다.
③ 고객이 바뀔 때마다 장갑은 계속 사용한다.
④ 살균성 클리너로 표면과 병들을 닦아낸다.

10 피부의 구조에서 멜라닌 색소에 의해서 피부색을 좌우하는 층은?

① 유극층　　② 각질층　　③ 투명층　　④ 기저층

11 피부의 기능 중 가장 중요한 기능은?

① 흡수작용으로서의 기능
② 보호작용으로서의 기능
③ 분비기관으로서의 기능
④ 감각기관으로서의 기능

12 모세혈관이 몰려있어 기저층에 많은 영양분을 공급해주는 층은?

① 유두층　　② 망상층　　③ 과립층　　④ 기저층

13 다음의 피부 조직 중 각질 세포와 색소형성 세포가 있는 층은?

① 망상층　　② 투명층　　③ 과립층　　④ 각질층

14 투명층에 대한 설명으로 틀린 것은?

① 피부의 가장 바깥층이다.
② 핵이 없다.
③ 엘라이딘이 존재한다.
④ 손바닥, 발바닥에만 잘 발달되어 있다.

15 각질층, 투명층, 과립층, 유극층, 기저층으로 이루어진 피부 단면의 이름은?

① 진피　　② 피하조직　　③ 각질　　④ 표피

16 선천적 흑색소 결핍증을 말하며 전문용어로는 색소 부족증이라고 하는 것은?

① 기미 ② 백반증 ③ 얼룩 ④ 백색증

17 손으로 만져지고 단단한 타원체의 병변으로 눈에 보일 수도 있고 보이지 않을 수도 있으며 상처 조직, 감염, 지방 침착물 또는 다른 조건들에 의해 유발될 수 있는 증상은?

① 농포 ② 반점 ③ 구진 ④ 결절

18 제모 후나 화학적 박피시술, 피부재생관리시술 후 나타날 수 있는 증상은?

① 기미 ② 위축 ③ 비립종 ④ 백색증

19 다음은 모발 역할에 관한 설명이다. 틀린 것은?

① 머리카락은 뇌를 자외선이나 외적 자극으로부터 보호한다.
② 눈썹은 땀이 눈에 들어가는 것을 막아준다.
③ 모발을 통해서는 노폐물이 배출되지 않는다.
④ 속눈썹은 미관상으로도 중요하지만 이물질이 눈에 들어가지 않게 한다.

20 모발의 색상을 결정하는 멜라닌 색소를 함유하고 있는 곳은?

① 모피질 ② 모유두 ③ 모소피 ④ 모수질

21 모세혈관과 신경이 붙어 있어 영양이나 산소를 취하여 모발의 발생과 성장을 돕는 곳은?

① 모피질 ② 피지선 ③ 모유두 ④ 모소피

22 굵은 모발로 두발, 수염, 음모 등의 모발을 무엇이라고 하는가?

① 연모　　② 취모　　③ 곱슬모　　④ 경모

23 신체조직 중 인슐린을 분비하는 곳은?

① 송과선　　② 목　　③ 정소　　④ 췌장

24 췌장에서 분비되는 인슐린이 부족하면 어떤 병이 발생하는가?

① 갑상선 기능 저하　　② 당뇨병
③ 요붕증　　④ 말단 비대증

25 여성 다모증이라고 판단하기 어려운 경우는?

① 가슴 중심선에 털이 난다.
② 유두 주위에 털이 난다.
③ 몸 전체의 모발 색깔이 짙다.
④ 굵은 모발이 코를 덮는다.

26 인도와 아랍지역뿐만 아니라 우리나라에서도 얼굴의 잔털을 제거하거나 이마를 넓히는 제모의 한 가지 방법으로 행해졌던 방법은?

① 전기분해법　　② 역청
③ 슈거링　　④ 실면도

27 왁싱과 마찬가지로 스트립과 비 스트립 방법으로 행해지며 설탕을 사용하는 제모 방법은?

① 레이저　　② 실면도　　③ 슈거링　　④ 면도

28 다음 중 전기분해, 레이저는 어떤 제모 방법인가?

① 실면도 ② 슈거링
③ 영구 제모 ④ 왁싱

29 알레르기 반응이나 민감성 반응이 일어나는지 패치로 테스트 후 사용해야 하는 제모 방법은?

① 전기분해 ② 슈거링
③ 레이저 ④ 제모 크림

30 다음 중 면도의 단점이 아닌 것은?

① 모발이 살로 파고들 수도 있다.
② 시간이 적게 걸린다.
③ 모발이 다시 날 때 거칠게 난다.
④ 면도날이 무디면 피부에 상처가 날 수도 있다.

31 하드 왁스에 관한 설명으로 맞지 않는 것은?

① 천이 필요하지 않다.
② 얼굴 제모에 적합하다.
③ 왁스의 녹는점이 소프트 왁스보다 낮다.
④ 넓은 부위 제모에 좋다.

32 다음 증상 중 왁싱을 해도 무방한 경우는?

① 간질 ② 각질이 많은 피부
③ 낭창 ④ 혈우병

33 왁싱 후 파고드는 모발을 방지하기 위하여 사용하면 좋은 제품은?

① 로션
② 에센스
③ 왁싱 전용 각질제거제
④ 영양크림

34 피부를 진정시키고 스트레스성 긴장에 효과가 있으나 우울증을 가지고 있는 고객에게는 사용을 금지해야 하는 에센셜 오일은?

① 샌달우드　　② 네롤리　　③ 라벤다　　④ 멜리사

35 하드 왁스를 제거할 때 피부의 손상을 방지하고 왁스가 잘 떨어지게 하여 고객의 불쾌감을 줄여 주는 제품은?

① 피부진정제
② 하드 왁스 전용 오일
③ 포인트 리무버
④ 클렌징 크림

36 제모 시술 후 마지막으로 처리해야 할 단계는?

① 시술 부위를 소독제로 닦아준다.
② 왁스가 피부에 남아 있는지 확인한다.
③ 오일을 바른다.
④ 모공수축과 피부 보습을 위한 마무리 제품을 바른다.

37 기구에 왁스가 묻었을 때 사용하며, 피부에는 절대 사용하면 안 되는 것은?

① 피부진정제　　　　　　② 포인트 리무버
③ 왁스 클리너　　　　　　④ 클렌징 크림

38 하드 왁스를 바른 후 굳힐 때 뜯기 좋은 정도는?

① 딱딱하게 굳는다.
② 손가락으로 눌렀을 때 지문이 살짝 찍힌다.
③ 윤기가 남아 있다.
④ 끈적끈적하다.

39 하드 왁스를 이용한 제모 과정 중 ( ) 안에 들어가는 것은?

> 유·수분제거 및 피부정돈하기→소독하기→(　　　)→온도테스트하기→왁스 바르기→왁스제거하기→오일 사용하여 잔여물 제거하기→피부 진정제 바르기→모공수축 및 유·수분 공급제 바르기→마무리하기

① 오일 바르기
② 천을 붙였다가 떼기
③ 크림 바르기
④ 왁스 탈착용 오일 소량 바르기

40 손등을 왁싱할 때 알맞은 고객의 자세는?

① 주먹을 쥔다.
② 손바닥을 위로 향하게 한다.
③ 손을 세로로 세운다.
④ 손을 편다.

▶ 4회 정답 및 해설 p.216

한국왁싱협회 종합 예상문제 5회

01 대화 시 주의할 사항이 아닌 것은?

① 대화를 독점하지 않는다.
② 즐겁게 대화한다.
③ 고객의 약점을 이야기한다.
④ 고용주의 약점을 말하지 않는다.

02 왁싱 전문관리사가 지켜야 할 개인적 위생에 해당하지 않는 것은?

① 매일 깨끗한 의복을 착용한다.
② 건강 관리를 규칙적으로 받을 필요는 없다.
③ 고객 관리 전후에 반드시 손을 씻는다.
④ 구강 관리를 규칙적으로 받는다.

03 홍역, 인플루엔자, 유행성 이하선염을 일으키는 병균은?

① 리켓치아 ② 몰드
③ 횡거스 ④ 바이러스

04 태반 또는 모유에 의한 면역은?

① 인공능동면역 ② 인공수동면역
③ 자연수동면역 ④ 자연능동면역

05 식물성 페라싸이트의 감염에 의한 증상은?

① 버짐   ② 홍반
③ 두부백선   ④ 홍역

06 끓인 물에 소독하는 방법으로 약 100℃의 끓는 물 속에 20분 이상 피소독물을 직접 담가서 끓이는 방법을 무엇이라고 하는가?

① 자비소독법   ② 건열멸균법
③ 희석   ④ 화학적 소독법

07 소독의 5요소에 해당하는 것은?

① 감염을 없앨 필요는 없다.
② 아포를 사멸시킬 필요는 없다.
③ 물리적 방법만 사용한다.
④ 화학적 방법만 사용한다.

08 자비소독법은 어디에 해당하는가?

① 희석   ② 물리석 소독법
③ 화학적 소독법   ④ 자연소독법

09 실내소독, 의류, 고무제품 등의 소독 시 사용하며, 흡입으로 기도를 상하게 하거나 피부에 닿으면 피부를 자극시키기 때문에 사용 시 특별한 주의가 필요한 소독제는?

① 알코올
② 크레졸 비누
③ 포르말린
④ 과산화수소

10 다음의 피부 조직 중 생명력이 없는 무색, 무핵 세포로 3~4층의 납작한 호산성 세포로 구성되어 있고 세포질은 반유동체 물질인 엘라이딘과 유리과립을 함유하고 있는 층은?

① 유극층　② 과립층　③ 투명층　④ 각질층

11 다음 중 피하조직의 설명으로 틀린 것은?

① 외부의 압력이나 충격을 흡수한다.
② 남성 호르몬과 관계가 있다.
③ 성별, 연령에 따라서도 차이가 있다.
④ 체내의 열조절 기능이 있다.

12 다음 피부 조직 중 피부 내부로부터의 수분 증발을 저지하는 방어막이 있어 피부염이나 피부건조를 방지하는 중요한 역할을 하는 층은?

① 기저층　② 과립층
③ 투명층　④ 유극층

13 다음 피부 조직 중 외부의 압력이나 충격을 흡수하여 신체 내부의 손상을 막는 물리적 보호기능을 하는 층은?

① 과립층　② 기저층
③ 투명층　④ 피하조직

14 손으로 만져지고 단단하며 타원체의 병변으로 눈에 보일 수도 있고, 보이지 않을 수도 있으며 상처조직, 감염, 지방 침착물 등의 조건들에 의해 생길 수 있는 것은?

① 결절　② 반점
③ 구진　④ 농포

15 각질화 과정이 완성되어 완전히 변이된 형태를 가지고 있는 층은?
① 과립층　　② 기저층　　③ 각질층　　④ 유극층

16 피부 아래 모발이 뽑히거나 찢기거나 파손되었을 때, 부적절한 면도로 인해 생길 수 있는 것은?
① 모낭염　　② 습진　　③ 농포　　④ 태선화

17 다음 중 원발진에 속하지 않는 것은?
① 반점　　② 구진　　③ 결절　　④ 인설

18 다음 중 속발진에 속하지 않는 것은?
① 인설　　② 반점　　③ 찰상　　④ 태선화

19 모근을 감싸고 있는 형태로 모모세포가 분열해 모발이 생성되어 각화되기까지 보호하는 기능을 하는 곳은?
① 모낭　　② 모피질　　③ 모유두　　④ 모소피

20 전구모양으로 모유두와 모모세포로 구성되어 있는 것은?
① 모낭　　② 모피질　　③ 모유두　　④ 모구

21 신체부위에 따라 크기, 형태, 분포도 등이 다르며 모낭 벽과 모낭 내에 있는 모발을 통하여 모발 표면에 얇은 산성 막을 형성하여 모발을 윤기 있게 하는 동시에 외부로부터 보호하는 역할을 하는 것은?
① 간충물질　　② 피지선　　③ 한선　　④ 모피

22 피부의 대부분을 덮고 있는 부드러운 모발로 출생 직후 성장함에 따라 부위별로 성모로 바뀌는 것은?
① 곱슬모　　② 취모　　③ 경모　　④ 연모

23 다음 중 부신피질자극호르몬, 멜라닌세포자극호르몬, 황체형성호르몬, 성장호르몬 등을 생성하는 곳은?
① 시상하부
② 송과선
③ 뇌하수체 전엽
④ 갑상선

24 결핍되면 왜소증을 일으키고, 성인기에 과다하게 분비되면 말단 비대증을 유발하는 호르몬은?
① 안드로겐
② 멜라닌세포자극호르몬
③ 성장호르몬
④ 황체형성호르몬

25 폐경기 여성의 윗입술에 털이 나는데 이를 무엇이라고 하는가?
① 폐경 콧수염
② 다모증
③ 말단 비대증
④ 쿠싱 증후군

26 천을 사용한 제모 방법을 최초로 시작한 나라는?
① 인도　　② 이집트　　③ 로마　　④ 러시아

27 제모 방법으로 진흙을 사용한 시대는?
① 이슬람 압바스 왕조
② 르네상스
③ 로마
④ 인도

28 실면도의 금기 사항인 피부타입은?

① 건성 피부   ② 지성 피부   ③ 염증 피부   ④ 중성 피부

29 다음 중 면도의 장점은?

① 비용이 많이 든다.
② 시간이 적게 걸린다.
③ 모발이 다시 날 때 부드럽게 난다.
④ 모발이 다시 자라지 않는다.

30 다음 중 실면도의 단점이 아닌 것은?

① 착색의 문제를 일으킬 수도 있다.
② 모발을 잡아채기 때문에 불편감이 있다.
③ 신체의 넓은 부위에 하기에 비효과적이다.
④ 비용이 최소한이다.

31 다음 중 하드 왁스를 제거해야 할 시점은?

① 딱딱해졌을 때
② 광택이 줄어들고 만져보아서 손자국이 날 때
③ 끈적끈적할 때
④ 투명하게 보일 때

32 다음 중 왁싱을 금하지 않아도 되는 경우는?

① 골절과 접질림   ② 낭창
③ 지성 피부   ④ 간질

33 다음 중 왁싱을 하면 안 되는 경우는?

① 햇볕 화상을 입은 경우
② 피부가 검은 경우
③ 건조한 피부인 경우
④ 각질이 두꺼운 피부인 경우

34 왁싱 시술 시 안전 예방 조치로 틀린 사항은?

① 왁스 히터를 꽂은 채 장시간 자리를 비우지 않는다.
② 감전을 막기 위한 조치로 사용하는 모든 전기제품에 대해 왁스 기구를 물과 가까이 두지 않는다.
③ 왁스 히터는 왁스 가열용으로만 사용한다.
④ 왁스 히터의 코드나 플러그가 손상되어도 몇 번 더 사용하는 것은 무방하다.

35 왁싱 상담 시 고객의 이해를 돕는 데 도움을 주는 것은?

① 골격 모형도
② 근육 모형도
③ 피부와 모발 단면도 또는 모형
④ 인체 장기 모형도

36 얼굴 왁싱 시 고객이 화장을 하고 왔다면 가장 먼저 해야 할 것은?

① 왁싱할 부위를 소독한다.
② 메이크업을 깨끗이 제거한다.
③ 왁스 탈착용 오일을 소량만 도포해준다.
④ 왁싱 전용 각질 제거제로 부드럽게 각질을 제거한다.

37 다음 중 비키니 왁싱 시 고객의 자세는?

① 엎드리게 한다.
② 바로 누워서 다리를 모은다.
③ 한 다리는 쭉 펴게 하고 다른 쪽 발바닥을 무릎 높이에 올려놓는다.
④ 앉게 한다.

38 이마 라인을 왁싱할 때 고객의 헤어는 어느 정도 길이로 정리해야 하는가?

① 1/3인치　　② 1/4인치　　③ 1/5인치　　④ 1/2인치

39 다음 중 얼굴 왁싱 방법으로 옳은 것은?

① 넓은 부위를 한꺼번에 왁싱한다.
② 예민한 피부는 소프트 왁스를 사용한다.
③ 하드 왁스를 두껍게 바른다.
④ 작은 구획으로 나누어 왁싱한다.

40 다음 중 예약과 전화 상담 시 잘못된 상황은?

① 언제나 상냥하게 대답한다.
② 서비스 받기 전날 전화를 하거나 문자 서비스를 하여 예약을 재확인 해준다.
③ 고객의 의견은 물어 보지 않아도 되며 왁싱 전문가가 알아서 한다.
④ 즉시 전화를 받아 "안녕하세요. 여기는 어디입니다."라는 짧은 소개 후 "무엇을 도와 드릴까요?"라고 묻는다.

▶ 5회 정답 및 해설 p.218

한국왁싱협회 종합 예상문제 정답 및 해설

🌸 1회 해답

01.② 02.④ 03.① 04.④ 05.② 06.① 07.④ 08.③ 09.② 10.③ 11.① 12.② 13.③ 14.④
15.① 16.② 17.③ 18.① 19.③ 20.① 21.② 22.④ 23.② 24.③ 25.② 26.① 27.④ 28.②
29.② 30.④ 31.① 32.③ 33.② 34.③ 35.② 36.② 37.① 38.③ 39.④ 40.②

01 모든 고객에게 동등하고 같은 서비스를 제공해야 한다.

02 고객과 고용주나 동료의 험담을 해서는 안 되며, 잘한 것은 칭찬과 격려를 해줄 수 있어야 한다.

03
- 나선균은 균체 축성편모의 파상운동에 의하여 균체가 운동하며, 매독 같은 것을 유발시킨다.
- 구균은 세균의 형태가 공 모양으로 존재하여 고름을 생기게 한다.
- 단구균이란 구균 한 개가 단독으로 존재하는 것이다.

04 에이즈는 감염자와의 대화로는 전염되지 않는다.

05 바이러스는 병원체 중에서 가장 작아 세균 여과기로도 분리할 수 없으며, 전자 현미경으로만 볼 수 있다.

06 살균은 병원체, 비병원체, 아포 등 모든 미생물을 사멸시키는 것이다.

07 소독의 5요소
① 감염을 없애야 한다.
② 증식 가능한 상태의 미생물을 억제하는 것뿐만 아니라 사멸시켜야 한다.
③ 아포를 사멸시킬 필요는 없다.
④ 보통 화학제를 이용하지만 물리적 방법도 사용한다.
⑤ 인체나 동물이 아닌 무생물체에만 사용된다.

08
- 자연 소독법 : 희석, 태양광선
- 물리적 소독법 : 건열멸균법, 습열멸균법
- 화학적 소독법 : 화학적 소독제의 종류(알코올, 포르말린, 크레졸 비누액, 역성비누, 생석회, 과산화수소)

09 더블 디핑은 하지 않아야 되며, 더블 디핑이란 시술자가 통에서 스파츌라로 왁스를 퍼내어 그것을 고객에게 바르고 더 많은 왁스를 퍼내기 위해 통에 다시 스파츌라를 담그는 것을 말한다.

10 망상층은 피부의 조직 중 진피에 속한다.

11 피하조직과 여성 호르몬과는 밀접한 관계가 있다.

12 과립층에서부터 세포 내에 작은 과립물질들이 나타나는 것을 볼 수 있는데, 이들의 모양을 따서 과립층이라는 이름이 붙여졌다.

13 피부의 구조는 표피, 진피, 피하조직으로 구분된다.
14 진피는 유두층과 망상층으로 구성된다.
15 유극층 세포는 세포간격이 있으며, 세포끼리 가시를 통해 영양분을 교환하고 림프액이 존재한다.
16 인설은 속발진에 속한다.
17 태선화는 표피 전체와 진피의 일부가 가죽처럼 두꺼워지는 현상으로 피부는 광택을 잃고 유연성이 없어지며, 딱딱해지고 피부 주름이 뚜렷해진다.
18 모낭염은 피부 아래에 있는 모발이 뽑히거나 찢기거나 파손되었을 때, 그 모발이 난포 옆쪽에서 자라면서 자극을 유발하여 발생하고 주로 염증과 고름을 동반한다.
19 모발의 굵기에 따른 분류로 취모, 연모, 경모가 있다.
20 • 성장기 : 성장하는 단계
   • 퇴행기 : 퇴행하는 단계
   • 휴지기 : 마지막 단계로 쉬는 단계
21 모발의 중심부에 위치하며 공기를 함유하고 있는 것은 모수질이다.
22 입모근은 피부조직 중 진피에 있다.
23 성장 호르몬이 과다하게 분비되면 말단 비대증을 유발한다.
24 갑상선은 기관과 후두의 어느 한 쪽에 있다. 갑상선은 아이오딘을 함유하는 호르몬을 생성하는데, 그 중 가장 흔한 것이 티록신이다.
25 남성 호르몬인 안드로겐은 다모증에 가장 큰 영향을 미치는 호르몬이다.
26 석황은 현대의 제모 방법으로는 사용하지 않는다.
27 실면도는 우리나라를 비롯하여 동남아시아, 이란, 터키, 인도, 파키스탄 등지에서 수세기 동안 사용한 제모 방법이다.
28 잘못된 면도는 인그로운 헤어(Ingrown hair)를 유발한다.
29 슈거링은 일시적 제모 방법에 속한다.
30 제모 크림은 피부가 에민하거나, 발진이 있을 경우에는 사용할 수 없다.
31 왁싱을 하여도 2~4주 후에는 모발이 다시 자란다.
32 샤워 후에는 왁싱을 할 수 있으나, 뜨거운 목욕 후에는 왁싱을 할 수 없다.
33 얼굴 왁싱 전에는 얼굴 왁싱 책임면제 각서에 고객의 사인(sign)을 받아두어야 한다.
34 페퍼민트 에센셜 오일은 신경을 집중시킬 때 발향 등의 방법으로 사용한다.
35 확대경을 사용하면 안전하게 모발을 제거할 수 있다.
36 소독하기 → 유·수분 제거하기 → 온도테스트하기 → 소프트 왁스 바르기 → 스트립을 붙였다가 제거하기 → 왁스 잔여물 제거하기 → 피부 진정제 바르기 → 마무리 하기
37 왁싱 시술 전 긴 모발은 1/4인치 정도로 정리해준다.
38 푸셔는 네일 시술 시 사용한다.
39 왁싱 시술을 하고 난 후에는 모공이 열려있고 각질이 제거되어 피부가 건조해질 수 있으므로 반드시 모공 수축과 피부보습을 위한 왁싱 전문 제품을 사용한다.
40 눈썹을 제모할 때는 작은 스파츌라를 사용한다.

2회 해답

01.③ 02.② 03.④ 04.① 05.③ 06.② 07.③ 08.② 09.④ 10.② 11.② 12.③ 13.③ 14.①
15.② 16.③ 17.① 18.② 19.③ 20.① 21.② 22.② 23.① 24.① 25.① 26.② 27.③ 28.①
29.② 30.③ 31.① 32.① 33.③ 34.④ 35.① 36.③ 37.③ 38.③ 39.② 40.④

01 고객 관리 전후에는 반드시 손을 씻고 개인위생을 철저히 유지한다.
02 고객과 대화 시 타인의 결점은 말하지 않는다.
03 병원성 진균은 무좀, 진균 등의 피부병을 유발시킨다. 대표적인 진균성 피부질환으로는 백선을 들 수 있으며, 발병 부위별로 족부백선, 수부백선, 두부백선, 체부백선으로 나눌 수 있다.
04 • 자연능동면역 : 과거의 현성 또는 불현성 감염에 의해서 획득한 면역
    • 자연수동면역 : 태반 또는 모유에 의한 면역
    • 인공수동면역 : 회복기 환자 혈청주사 후 면역
05 식물성 페라싸이트의 감염은 버짐이며, 동물성 페라싸이트는 옴벌레 혹은 이 같은 전염병을 발생시킨다.
06 석탄산은 살균력의 지표가 되며, 사용이 간편하고 가격이 저렴한 장점이 있으나 금속을 부식시키며 취기와 독성이 강해 피부 점막에 자극이 있다.
07 소독은 단단한 표면에 존재하는 대부분의 미생물을 사멸시키는 과정으로써 미생물을 제거하기 위한 가장 흔한 방법 중의 하나이다.
08 • 태양 광선 : 자연 소독법
    • 희석 : 자연 소독법
    • 포르말린 : 화학적 소독법
09 모든 도구와 기자재들은 매번 소독 후 사용해야 하며 별도의 공간에 깨끗하게 보관해야 한다.
10 표피의 구조(아래에서 위로) : 기저층 – 유극층 – 과립층 – 투명층 – 각질층
11 유극층은 표피 중 가장 두꺼운 층이며 원추상 다각형을 이루고 있다.
12 각질 세포의 수명은 약 28일~30일이다.
13 피부에서 반유동체인 엘라이딘과 유리과립을 함유하고 있는 층은 투명층이다.
14 망상층은 콜라겐과 엘라스틴으로 이루어진 결합조직이다.
15 케라틴 단백질, 지질, 천연보습인자를 함유하고 있는 층은 각질층이다.
16 농을 포함한 피부의 작은 융기를 말하며 백혈구로 구성되고 세균을 포함하고 있는 것은 농포이다.
17 비립종은 백색면포라고도 불리며 피지의 과잉분비와 죽은 세포의 축적을 포함하고 있다. 비립종은 외과적 시술 또는 피부 박리술, 화학적 박피, 피부재생관리, 제모 후에 빈번하게 나타난다.
18 아토피는 건조한 가을과 겨울에 더 악화된다.
19 모구가 가장 활성화 되는 시기로 진피를 아래로 밀어내고 세포가 유사 분열로 부풀며 모발이 만들어지고 자라나는 시기를 성장기라고 한다.
20 세포와 세포 사이에 간충 물질로 연결되어 강하게 붙어 있고, 모발의 유연성, 탄력, 강도, 촉감, 질감 등 모발의 성질을 나타내는 중요한 부분은 모피질이다.
21 영양이나 산소를 취함으로써 모발의 발생과 성장을 돕는 곳은 모유두이다.

22 태아 때부터 온몸에 나 있는 섬세하고 부드러운 엷은 색의 모발을 취모라고 한다.
23 남성의 2차 성징이 나타나도록 하는 호르몬은 안드로겐이다.
24 갑상선 저하의 증상은 기초대사율이 낮고 체중이 늘어날 뿐만 아니라 어린이에게서는 크레틴병, 성인들에게는 점액수종 상태의 원인이 된다.
25 털 과다증의 원인 : 일반적으로 유전이거나 특정 인종, 자연적인 발생, 어떤 의학적 처리에 대한 반응, 어떤 암 치료의 결과, 의학적 처방, 특히 스테로이드에 대한 반응
26 넓은 이마를 만들기 위해 두개골 상부의 머리카락을 뽑는 것이 유행이었던 시대는 중세와 르네상스 시대이다.
27 전기 분해 요법을 발견한 사람은 찰스 미첼이다.
28 실면도의 사용금지 : 손상된 피부, 염증 피부, 심한 습진과 건선, 심한 포진 장애가 있는 피부, 햇볕 화상을 입은 피부
29 제모 크림은 농포나 감염의 징후가 있는 피부에는 사용할 수 없다.
30 실면도는 넓은 부위에 시술하기에 효과적이지 않다.
31 스트립 왁싱 시술은 한 번에 끝낸다.
32 피부의 감각이 없어 둔한 경우에는 왁싱을 하면 안 된다.
33 왁싱을 하기 전 면도를 하였거나 거친 모발이라면 모발의 길이가 적어도 1/4인치 정도는 되어야 한다.
34 코드는 가열된 면에 가까이 두면 안 된다.
35 웨건은 왁싱 시술자가 원할 시 시술할 수 있도록 도구들을 잘 정리하는 데 사용한다.
36 왁싱 시술 전 반드시 시술자의 손목 안쪽에 온도를 테스트 해야 한다.
37 제모 직후 피부를 진정시키는 1차적인 방법은 왁스를 제거한 즉시 손으로 눌러주는 것이다.
38 스파츌라를 사용하는 각도는 45도로 한다.
39 팔을 제모할 때 고객의 가장 좋은 자세는 고객이 편안한 자세로 앉는 것이다.
40 스트립 왁싱 시 스트립을 제거하기 위해 1인치 정도 남겨 놓아야 한다.

❊ 3회 해답

01.① 02.④ 03.③ 04.③ 05.④ 06.③ 07.② 08.① 09.① 10.④ 11.② 12.③ 13.② 14.②
15.① 16.③ 17.② 18.④ 19.④ 20.② 21.② 22.① 23.① 24.① 25.② 26.② 27.① 28.③
29.③ 30.④ 31.② 32.① 33.③ 34.② 35.② 36.③ 37.① 38.② 39.④ 40.③

01 왁싱 전문관리사는 위생 소독, 피부, 모발 등에 관한 이론적 지식을 습득하고 왁싱 기술을 수행할 수 있는 능력과 해당 업무를 성실히 행할 수 있는 사람이어야 한다.

02 고객에 대한 직업적 윤리
① 시간을 잘 지킨다.
② 왁싱 서비스를 하기 위한 준비를 완벽하게 한다.
③ 위생과 안전 규정을 준수한다.
④ 고객이 서비스 받을 내용과 스케줄에 관하여 친절히 설명한다.
⑤ 예의 바르게 대한다.
⑥ 모든 고객에게 공평하게 대한다.
⑦ 왁싱에 관한 이론과 실무에 대한 지식을 습득한다.
⑧ 고객의 마음 상태를 잘 이해하고 분위기, 성격, 관심사에 맞는 대화를 이끌어 가도록 노력하여 고객이 편하고 즐거운 마음으로 왁싱 서비스를 받도록 한다.

03
- 나선균 : 매독을 유발시킨다.
- 연쇄상구균 : 패혈증이나 류마티즘 열을 일으키며, 단독으로 화농증을 일으키는 원인이 된다.

04 바이러스는 병원체 중에서 가장 작아 세균여과기로도 분리할 수 없으며, 또 광학현미경으로 볼 수 없고 전자현미경으로만 볼 수 있는 작은 입자의 생물의 형태를 말한다.

05 세균의 형태에 따른 분류로는 구균(포도상구균, 연쇄상구균, 단구균, 쌍구균), 간균, 나선균이 있다.

06 소독력을 가지고 있는 약제를 사용하여 세균을 죽이는 방법은 화학적 소독법이다.

07 크레졸 비누액 : 난용성이므로 크레졸 비누액 3%에 물 97% 비율로 사용한다. 석탄산에 비해 2배의 소독력을 가지며 세균 소독에 효과가 크다.

08 기구를 소독할 때 알코올에 20분 이상 담가 놓아야 효과가 있다.

09 사용한 1회용 스파츌라와 스트립은 반드시 폐기하여야 한다.

10 혈관, 피지선, 한선, 신경 등이 분포되어 있는 층은 망상층이다.

11 표피와 진피의 경계인 물결 모양은 노화가 진행됨에 따라 편평해져 완만해지는 정도에 따라 노화의 정도를 짐작할 수 있다.

12 기저층의 세포내에는 각질세포와 색소형성세포가 있다.

13 유두층은 돌기모양으로 표피에 이어지는데, 이곳에 모세혈관이 몰려 있어 기저층에 많은 영양분을 공급해주므로 표피의 건강상태가 이 층에 달려 있다고 할 수 있다. 또한 감각기관인 촉각과 통각, 신경종말이 다량으로 분포하여 신경전달을 하고 있으며 수분을 다량으로 함유한다.

14 피하조직은 여성호르몬과 관계가 있어 여성의 신체에 부드러움을 부여하고 체내 열 조절, 외부의 충격으로부터 신체를 보호하는 특성을 가지고 있다.

15 표피는 진피 위에 있다.

16 팽진은 두드러기로 인해 증상은 가볍고 부푼 자리가 몇 시간 동안 지속된다. 지속적이지 않고 시간이 지나면 주위의 연관되지 않은 부분으로 이동하는 수도 있다.

17 소수포는 1㎝ 미만의 맑은 액체가 포함된 물집을 말한다.

18 진피의 위축은 진피 결체조직의 감소로 인한 것으로 피부의 함몰로 나타나며 노화 피부 또는 염증이나 외상에 의해 나타날 수 있다.

19 피부 조직에서 모발이 자라나는 곳은 모낭이다.

20 모발의 역할 중 해충이나 타박상으로부터 피부가 다치는 것을 최소화 할 수 있는 기능은 충격완화기능

이다.
21 간충물질은 섬유상 세포들이 보다 견고하고 완전하게 결합할 수 있도록 섬유상 세포들 사이의 빈 공간을 채우고 있는 물질이다.
22 입모근은 자율신경에 의해 지배되면서 수축 시 모공을 닫아 체온 손실을 막아주는 역할을 한다.
23 갑상선은 아이오딘을 함유하는 호르몬들을 생성하는데, 그 중 가장 흔한 것이 티록신이다.
24 송과선은 멜라토닌을 분비하는데, 빛에 의해 생성이 억제된다. 혈액 내의 농도가 밤에 최대치에 이르며 생식선의 재생과 성숙에 관한 역할을 한다.
25 다모증의 원인
① 사춘기에 남성호르몬 안드로겐의 자극
② 내분비계에 영향을 주는 약물
③ 남성 호르몬 안드로겐의 비율을 높임
④ 내분비계의 질병과 장애
26 고대 이집트에서는 남녀 모두 몸에 난 모발을 말끔하게 다듬었다.
27 레이저를 이용한 모발제거방법은 1922년에 발견되었고, 승인은 1995년에 되었다.
28 털뽑기(트위징)의 장점은 품질 좋은 족집게 비용 외 다른 비용이 들지 않는다는 것이다.
29 제모 크림의 단점
① 왁스 사용보다 효과가 지속되지 않는다.
② 처음에는 그렇지 않더라도 사용 중에 역겨운 냄새가 날 수 있다.
③ 제모 크림을 씻어낼 때 피부의 자연 보호막이 손상되어 접촉 피부염 같은 피부반응이 일어날 수 있다.
④ 발진이 있거나 손상되었거나, 농포나 감염의 징후가 있는 피부에는 사용해서는 안 된다.
30 손가락으로 면사를 가지고 고리를 만들어 꼬아서 제모하는 방법을 실면도라고 한다.
31 민감성 피부를 가진 고객에게는 아줄렌이나 카모마일 성분이 들어간 왁스를 사용하는 것이 좋다.
32 피부가 검다고 해서 제모를 피힐 이유는 없다.
33 확장된 정맥부위에는 왁싱을 하면 안 된다.
34 왁싱 커터의 커버는 깨끗한 상태를 유지하기 위해 자주 교체해주어야 한다.
35 스트립 왁싱은 넓은 부위에 빨리 시술하기에 적당하다.
36 비키니 왁싱 시술 시 일회용 팬티는 고객에게 제공해야 한다.
37 스파츌라는 고객이 바뀌거나 왁싱 부위가 바뀔 때마다 교체한다.
38 제모 후 남아있는 모를 제거할 때는 열려있는 모낭 가까이에서 모발을 잡아 모의 성장 방향으로 제거한다.
39 제모 후 핏자국은 진피유두에 공급되는 피가 밖으로 보이는 것이다.
40 스트립 왁스의 끈적임은 로진 때문이다.

4회 해답

01. ③ 02. ② 03. ① 04. ① 05. ② 06. ③ 07. ② 08. ③ 09. ④ 10. ④ 11. ② 12. ① 13. ④ 14. ①
15. ④ 16. ④ 17. ④ 18. ③ 19. ③ 20. ① 21. ③ 22. ④ 23. ④ 24. ② 25. ③ 26. ④ 27. ③ 28. ③
29. ④ 30. ② 31. ④ 32. ② 33. ③ 34. ① 35. ② 36. ④ 37. ③ 38. ② 39. ④ 40. ①

01 왁싱 시술 시간은 고객의 편의에 맞춘다.
02 화려한 화장보다는 요란하지 않은 자연스러운 화장을 한다.
03 리켓치아는 벼룩, 진드기, 이 등을 발생시킨다.
04 병원체가 바이러스인 질병으로는 간장염, 수두, 인플루엔자, 홍역, 유행성이하선염, 감기, 급성이하선염, 뇌염 등이 있다.
05 세균을 형태학적으로 분류할 때 원형의 모양이며 한 줄로 연결되어 존재하는 형태를 연쇄상구균이라고 한다.
06 과산화수소는 산화작용에 의해 살균되고 표백작용이 있으며, 무색, 무취, 투명하며 피부 소독에 사용한다.
07 위생처리라 함은 무균 상태를 말하는 것이 아니라 어떤 물건을 깨끗이 해서 균들의 성장을 방지하는 것을 말한다.
08 • 자연 소독법 : 희석, 태양광선
 • 물리적 소독법 : 건열멸균법, 습열멸균법
 • 화학적 소독법 : 알코올, 포르말린, 크레졸비누액, 석탄산, 역성비누, 생석회, 과산화수소
09 살균성 클리너로 표면과 병들을 닦아 낸다.
10 기저층의 세포 내에는 각질세포와 색소형성세포가 있다.
11 피부의 기능 중 가장 중요한 기능은 보호 작용이다.
12 유두층은 돌기모양으로 표피에 이어지는데, 이곳에 모세혈관이 몰려 있어 기저층에 많은 영양분을 공급해 주므로 표피의 건강 상태가 이 층에 달려 있다고 할 수 있다.
13 각질층에는 각질세포와 색소형성세포가 있다.
14 피부의 가장 바깥층은 각질층이다.
15 표피는 각질층, 투명층, 과립층, 유극층, 기저층으로 이루어져 있다.
16 백색증은 선천적 흑색소 결핍을 말하며 전문용어로는 색소부족증이라고도 한다.
17 결절은 손으로 만져지고 단단하며 타원체의 병변으로 눈에 보일 수도 있고 보이지 않을 수도 있다. 피부 병변으로 상처조직, 감염, 지방 침착물 또는 다른 조건들에 의해 유발될 수 있다.
18 비립종은 제모 후나 화학적 박피시술, 피부재생관리시술 후 나타날 수 있다.
19 모발을 통해서 노폐물이 배출된다.
20 모피질은 모발의 응집력과 모발색상을 결정하는 멜라닌 색소를 함유하고 있다.
21 모유두는 모모세포가 빈틈없이 짜여 있고 모세혈관과 자율신경이 분포되어 있으며, 모발을 성장시키는 영양분과 산소를 공급하고 모발의 성장을 담당한다.
22 경모는 굵은 모발로 두발, 수염, 음모 등의 모발이 있다.

23 췌장에서는 인슐린을 분비한다.
24 인슐린이 부족하면 당뇨병의 원인이 된다.
25 다모증은 혈액 내에 남성 호르몬 안드로겐이 과다하여 여성에게 난 모발을 가리키는 말이다. 이 경우에는 모발이 성인 남성에서 성구별이 있는 모발 재생 패턴이다.
26 실면도는 중동 국가들, 즉 이란, 터키, 인도 파키스탄 등지에서 수세기 동안 사용한 제모기술이다. 이 방법은 미국, 인도와 아랍지역 뿐만 아니라 우리나라에서도 얼굴 잔털을 제거하거나 이마를 넓히는 제모의 한 가지 방법으로 행해졌으며 지금까지도 일부에서 행해지고 있다.
27 슈거링은 설탕을 사용하는 제모의 방법으로 왁싱과 마찬가지로 스트립과 비 스트립방법으로 행해진다.
28 영구모발 제거는 전기분해, 레이저, 사진광을 사용하는 제모 시스템을 말한다.
29 제모 크림을 처음 사용할 때 알레르기 반응이나 민감성 반응이 일어나지 않는지 패치로 실험을 한 후에 사용해야 한다.
30 • 면도의 장점
    ① 시간이 적게 걸린다.
    ② 통증이 없다.
    ③ 비용이 저렴하다.
    ④ 편리하다.
    • 면도의 단점
    ① 1일에서 4일이 지나면 모발이 다시 더 거칠고 뾰족뾰족하게 자란다.
    ② 성가신 끝부분 모발을 면도할 때, 미세한 솜털이 제거될 수도 있어 더 큰 문제를 일으킬 가능성이 있다.
    ③ 모발이 살로 파고들 수도 있다.
    ④ 면도날이 무디면 피부가 베일 수도 있다.
31 넓은 부위의 왁싱 시술에는 스트립 왁싱이 더 효율적이다.
32 각질이 많은 피부는 왁싱을 해도 무방하다.
33 왁싱 시술 후 왁싱 전용 각질 제거제를 사용하면 파고드는 모발을 방지할 수 있다.
34 우울증을 가지고 있는 고객에게 샌달우드 에센셜 오일의 사용은 금한다.
35 하드 왁싱 시술 시 왁스를 제거할 때 피부의 손상을 방지하고 왁스가 잘 떨어지게 하여 고객의 불쾌감을 줄여주는 제품은 하드 왁스 전용 오일이다.
36 제모 시술 시 마지막으로 모공수축과 피부보습을 위한 마무리 제품을 발라준다.
37 왁스 클리너는 기구에만 사용한다.
38 하드 왁스를 바른 후 손가락으로 눌렀을 때 지문이 살짝 찍힐 정도가 되면 제거한다.
39 하드 왁싱 시술 시 유·수분을 제거하고 난 후에는 왁스 탈착용 오일을 소량 발라준다.
40 손등을 왁싱할 때 고객이 주먹을 쥐어주면 편하게 시술할 수 있다.

5회 해답

01.③ 02.② 03.④ 04.③ 05.① 06.① 07.② 08.② 09.③ 10.③ 11.② 12.② 13.④ 14.①
15.③ 16.① 17.④ 18.② 19.① 20.④ 21.② 22.④ 23.③ 24.③ 25.① 26.② 27.① 28.③
29.② 30.④ 31.② 32.③ 33.① 34.④ 35.③ 36.② 37.③ 38.② 39.④ 40.③

01 고객의 약점을 이야기해서는 안 된다.
02 왁싱 전문관리사는 건강관리를 규칙적으로 받아야 한다.
03 바이러스는 홍역, 인플루엔자, 유행성 이하선염을 일으킨다.
04 태반 또는 모유에 의한 면역은 자연수동면역이다.
05 식물성 페라싸이트의 감염은 버짐이며, 동물성 페라싸이트는 옴벌레 혹은 이 같은 전염병을 발생시킨다.
06 자비소독법은 물리적 소독법에 속하며 약 100℃의 끓는 물 속에 20분 이상 피소독물을 직접 담가서 끓이는 방법이다.
07 **소독의 5요소**
   ① 감염을 없애야 한다.
   ② 증식 가능한 상태의 미생물을 억제하는 것뿐만 아니라 사멸시켜야 한다.
   ③ 아포를 사멸시킬 필요는 없다.
   ④ 보통 화학제를 이용하지만 물리적인 방법도 사용한다.
   ⑤ 인체나 동물이 아닌 무생물체에만 사용한다.
08 자비 소독법은 물리적 소독법에 속한다.
09 포르말린은 온도가 높을수록 효과가 강하고 흡입으로 기도를 상하게 하며 피부에 닿으면 피부를 자극시킨다. 실내 소독, 의류, 고무 제품 등의 소독 시 사용한다.
10 투명층은 반유동체인 엘라이딘을 함유하고 있으며 피부의 산성막을 형성하는 층으로 손바닥과 발바닥에만 존재한다.
11 피하조직은 여성 호르몬과 관계가 있다.
12 수분 증발을 저지하는 방어막이 있어 피부염이나 피부건조를 방지하는 중요한 역할을 하는 층은 과립층이다.
13 피하조직은 외부의 압력이나 충격을 흡수하여 신체 내부의 손상을 막는 물리적 보호기능을 한다.
14 구진은 손으로 만져지며 단단한 타원체의 병변으로 상처조직, 감염, 지방 침착물 등의 조건들에 의해 생길 수 있다.
15 각질층은 각질화 과정이 완성되어 완전히 변이된 형태를 지닌다.
16 모낭염은 피부 아래에 있는 모발이 뽑히거나 찢기거나 파손되었을 때, 그 모발이 난포 옆쪽에서 자라면서 자극을 유발한다. 부적절하게 면도를 한 경우 모발이 위로 자라지 않고 피부 표면 속으로 자라서 박테리아 감염을 유발할 수 있다.
17 인설은 속발진에 속한다.
18 반점은 원발진에 속한다.
   • 원발진 : 반점, 구진, 결절, 종양, 팽진, 소수포, 대수포, 농포

• 속발진 : 인설, 찰상, 균열, 가피, 미란, 궤양, 반흔, 위축, 태선화, 비립종

19 모모세포가 분열해 모발이 생성되어 각화되기까지 보호하는 기능을 하는 곳은 모낭이다.
20 모구는 전구모양으로 모유두와 모모세포로 구성되어 있다.
21 피지선은 산성막을 형성하여 모발을 윤기 있게 하는 동시에 외부로부터 보호하는 역할을 한다.
22 피부의 대부분을 덮고 있는 부드러운 모발로 출생 직후 성장함에 따라 부위별로 성모(길고 굵은 모발로 머리카락, 눈썹, 속눈썹, 수염, 겨드랑이를 구성하고 있는 모발)로 바뀐다.
23 뇌하수체 전엽은 적어도 다음의 일곱 가지 호르몬을 생성한다.
   ① 부신피질자극호르몬
   ② 갑상선호르몬
   ③ 성장호르몬
   ④ 멜라닌세포자극호르몬
   ⑤ 생화학난포자극호르몬
   ⑥ 황체형성호르몬
   ⑦ 젖샘자극호르몬
24 성장호르몬이 결핍되면 왜소증을 일으키고, 성인기에 과다하게 분비되면 말단 비대증을 유발한다.
25 폐경기 여성의 윗입술에 털이 나는 것을 폐경 콧수염이라고 부른다.
26 천을 사용한 제모 방법을 최초로 시작한 나라는 이집트이다.
27 이슬람 압바스 왕조에서는 제모 방법의 하나로 진흙을 사용하였다.

28 실면도의 사용금지
   ① 손상된 피부, 염증 피부
   ② 심한 습진과 건선
   ③ 심한 포진 장애
   ④ 햇볕 화상을 입은 피부

29 • **면도의 장점**
   ① 시간이 적게 걸린다.
   ② 통증이 없다.
   ③ 비용이 저렴하다.
   ④ 편리하다.

   • **면도의 단점**
   ① 1일에서 4일이 지나면 모발이 다시 더 거칠고 뾰족뾰족하게 자란다.
   ② 성가신 끝부분 모발을 면도할 때, 미세한 솜털이 제거될 수도 있어 더 큰 문제를 일으킬 가능성이 있다.
   ③ 모발이 살로 파고들 수도 있다.
   ④ 면도날이 무디면 피부가 베일 수도 있다.

30 실면도의 단점
   ① 신체의 넓은 부위에 하기에는 비효과적이다.
   ② 왁싱보다는 느리지만 트위징보다 빠르게 피부에서 모발을 잡아채기 때문에 불편감이 있다.
   ③ 주의를 기울여 정확하게 하지 않으면 시술자가 알지 못하는 사이에 솜털을 제거할 수가 있는데,

그것이 문제가 되지는 않지만 그렇게 하다보면 솜털이 다시 불규칙하게 자라거나 발모 상황을 더 악화시킬 수도 있다.

④ 모발이 다시 자랄 때, 착색 문제를 일으킬 수 있는 모낭염, 농포, 감염이 증가할 수도 있다.

31 하드 왁스를 바른 후 광택이 줄어들고 만져보아서 손자국이 날 때 제거한다.
32 왁싱의 금기 사항 : 순환장애, 암 치료, 간질, 낭창, 골절과 접질림, 혈우병, 당뇨병, 포진, 단순포진, 사마귀, 염증이 생긴 피부, 흉터, 피부의 민감도 부족, 낭창, 검은 점, 임신 등이 있다.
33 햇볕 화상을 입은 경우에도 왁싱을 하면 안 된다.
34 왁스 히터의 코드나 플러그가 손상되면 사용하면 안 된다.
35 피부와 모발 단면도 또는 모형은 왁싱 상담 시 고객의 이해를 돕는 데 도움을 준다.
36 화장을 하고 온 고객에게 왁싱 시술 시 가장 먼저 해야 하는 일은 메이크업을 깨끗이 제거하는 일이다.
37 비키니 왁싱 시 고객의 자세는 한 다리는 쭉 펴게 하고 다른 쪽 발바닥을 무릎 높이에 올려 놓는다.
38 이마 라인을 왁싱할 때 고객의 헤어는 1/4인치 정도 길이로 정리한다.
39 얼굴 왁싱 시 작은 구획으로 나누어 왁싱한다.
40 고객의 의견을 충분히 수렴하여 상담해야 한다.

왁싱 매니지먼트

발 행 일	2024년 6월 1일 개정4판 1쇄 인쇄
	2024년 6월 10일 개정4판 1쇄 발행
저 자	박규미 (한국왁싱협회 회장)
발 행 처	크라운출판사 http://www.crownbook.com
발 행 인	李尙原
신고번호	제 300-2007-143호
주 소	서울시 종로구 율곡로13길 21
공 급 처	(02) 765-4787, 1566-5937
전 화	(02) 745-0311~3
팩 스	(02) 743-2688, 02) 741-3231
홈페이지	www.crownbook.co.kr
ISBN	978-89-406-4858-2 / 13590

특별판매정가 25,000원

이 도서의 판권은 크라운출판사에 있으며, 수록된 내용은 무단으로 복제, 변형하여 사용할 수 없습니다.
Copyright CROWN, ⓒ 2024 Printed in Korea

이 도서의 문의를 편집부(02-6430-7019)로 연락주시면 친절하게 응답해 드립니다.